U0118215

文創社
文創社國際有限公司
MANKIND WORLDWIDE CO. LTD.

預知夢不是宿命，未來是可以改變的。

Premonitory Dreams are not predestination,

all things will happen if nothing changes.

Jucelino Nobrega Da Luz

2020-2047 預言 第二版

史上最強預言家・朱瑟里諾教授

原著 ■ 朱瑟里諾・達・盧茲
編譯 ■ Amen Chung

目 錄

目錄

目 錄

目 錄

序

（文章之翻譯版本將於2019年9月10日在LEBENS-T-RÄUME報章內刊登）

——來自巴西的朱瑟里諾

世界上最強大的靈性治療師，同為最受歡迎的預言家：

今年夏季初，難得有機會認識到一位現今世上最重要的人物，那人便是來自聖保羅的朱瑟里諾。他外形高大修長，年約五十，予人印象嚴肅，他以慈祥的表情、沉穩、溫柔的目光和聲線，以及他的仁慈，耐心的激發別人的信心。他翩翩的風度並沒有掩蓋其超凡的能力。然而，他是個天才。他修讀文學、哲學、法律及生態學，並取得博士學位，更成為大學教授。最重要的是他高度發展的預知能力。他成長於擁有多國血統的天主教家庭，其預知能力在孩童時代已相當明顯。他的天賦當中以靈性療癒最令人印象深刻。朱瑟里諾一天內治好600名人士，患者年齡最小只有九歲。直至2010年，他曾就生理、心理或靈性問題診症達二百萬次。他駕御了不同的技巧，包括靈性上無形的治療。替病人治療期間，有兩名醫生站在他身旁觀察。所有治療技術全無風險。但是，病人也應該繼續聽從醫生的指示。對病人來說，他們向朱瑟里諾訴說困難，而朱瑟里諾則進行靈性診斷及制定治療方案。簡單的個案，他會建議病人改善飲食及生活模式，例如戒煙戒酒，每天最少喝兩公升溫水，早上可加入數滴檸檬汁，而綠茶也對身體有益處，香蕉也能提供每天所需的鉀。下午二時後，只吃蔬菜生果，晚上八時後只喝飲料。飽食後不要小睡。運動不要過量，因為身體需要休息。每晚最少有五至八小時睡眠。手提電話切勿貼身攜帶，並且建議使用耳筒（以防電波），保護自己免於日光曝曬（減低皮膚癌風險）。專注你的人生重點以提升振動頻率。如有需要，請尋求心理療法、身體療法、靈氣療法或另類醫學等幫忙。

朱瑟里諾的能量治療將會分為三節進行，相隔一天進行也可。每節治療前最好先冥想一下作好準備。第一節，朱瑟里諾將以棉絨及過濾水深層清潔身體表面，如頭部、喉嚨或頸部。第二節，他會從非常高的震動維度（流動的能量）轉移成靈性治療能量。這能提升個人的能量。靈性能力沉睡在個人體內，可以被激發或強化。第三節，治療完成時，受治療的身體部份會封閉不容許負面能量進入。綿絨使用後將會棄置於熱水或棄掉，避免沾染任何負面能量。

與所有能量治療方法一樣，結果主要取決於個人的態度、開放性和當前的發展階段，平均治癒率達60%。然而，治療肯定有助整體改善，從而為進一步的治癒做好準備。個人靈性諮詢（即靈性信息查詢）是能量治療的有益補充。尋求建議者的靈性指南就在這裡。任何話題也可以討論，如個人憂傷、家庭、工作、財政、住屋問題等等。個人心理及情感上的接納程度等原則同樣適用於此，也決定了朱瑟里諾能夠表達自己的程度。因為他希望以他的睿智與敏感度高的靈性給予人們建議，但同樣尊重其個人自由意願及意向，也明白他們的限制。不是每人都能如他們所想般接受真相，或診症的信息未如他們所想而感到詫異。

另一非常重要的原則是「預言並非刻於石頭上」，**意指預言並不是一成不變的**。朱瑟里諾不斷強調，他的預言是為了警告和避免潛在的危機，使其不會顯現出來。他的預言準確度大約是70%，這是一個非常高的準確率。餘下的30%可解釋為那些受到警告的人及時採取了行動，從而令他們能夠逃離厄運。

朱瑟里諾九歲時已造預知夢，十三歲起去信警告他從不認識的人將遇到的危險。他曾去信皮禮士、李小龍、戴安娜、米高積遜及米高舒麥加，可惜他們沒有理會朱瑟里諾的建議。他還去信航空公司，公共辦公室、政府機構甚至聯合國。多得他的建議，薩達姆侯賽因及奧薩瑪・賓拉登被擒，避免了倫敦炸彈襲擊及數次空難，而2007年9月13日於印尼發生的地震亦能及時採取保護措施等等。

預言的準確度在過去五十年來已被印證成千上萬次，能給予全球信心。朱瑟里諾是從超人類、位居於宇宙最高維度的那裡接收預言。聽起來看似匪夷所思，而且超出科學範疇，因此很多人不願理會預言。如果世界被火毀滅成灰燼，那麼治療及注重健康又有什麼用處呢？朱瑟里諾指這是無可避免的，我們必須張開眼睛並且採取即時行動。感謝宇宙指引我們並希望我們的行動可帶來改變。

我們內心深處都感覺到「大自然病了」，病得很重。就連科學家及當權的政客也不能完全理解或承認此狀況，但它的狀況卻越來越糟。我們需要盡快補救。但有些人寧願退出而不採取行動。或許他們認為已經太遲，或者他們不知道該如何做。正如一位年老的首席醫療官常說：「諸神先診斷後治療，換句話說，醫生首先建立病史、檢查結果、診斷和可能演變的預後，包括最不利的預後，以及在制定治療計劃並付諸實施之前。」對於個人和地球母親來說，無論是大是小，都是如此。我們需要診斷地球的情況及預測往後發展，務求能及早果斷行動。全球最偉大的預言家及專業的環保主義者 —— 朱瑟里諾（Jucelino Nobrega Da Luz），是向當權者以及民眾提出建議的最合適人選。當實行他的解決方案時，絕不是靠著沉睡的當權者，而是靠著大眾市民，即是你和我！

為了開導及激勵我們，朱瑟里諾對未來遠近的末世及人類危機形容得驚人的鉅細無遺。就像跟有責任感的醫生向深度煙民清楚形容肺癌的危險一樣，儘管他可能已病入膏肓，須動大型手術切除部份肺部，他只務求病人改變其行為。

我們的環境情況相類似，因為某些破壞不能逆轉。但朱瑟里諾仍如實的提出他覺得可行的解決方案。與其放棄，只當鴕鳥，他更希望鼓勵人們在他們能力範圍內做到最好。他的預言顯示了我們依然故我的後果：「我們將面對大災難，甚至絕種滅亡。」但如果我們將朱瑟里諾的建議謹記在心，我們不單可以避免更壞的情況發生，經過艱難的過渡階段後，最終還可以進入古代先言所説充滿愛及靈性的「黃金時期」。可是，地球需要經歷千年才能從破壞中復元。

按朱瑟里諾所言，目前情況能改善多少，尤其在2020年完結之前，取決於各位的行動有多迅速而非取決於各地政府。此外，別忘記我們可以選擇成為破壞地球的消費族群，還是我們可以愛惜及妥善管理地球資源、自願離棄過渡消費，那麼大自然便能再次自我修復。

朱瑟里諾在其講座及書籍當中，講述地質、天體物理及生態機制的破壞，主要都是因為人類自身引起，引致太陽耀斑增加、地球磁場破裂、大量宇宙射線進入大氣層、加速全球暖化及兩極冰塊溶化、海平面升高、風暴加劇、持續數天的水災、冰雹與洪水交替伴隨著持久乾旱，令農作物失收；物種滅絕、地震次數增加、火山爆發、磁極移動很可能於150年內完全反轉、地殼的縫隙及其他末日的事件及情況。朱瑟里諾預見那地區受災較大或威脅較小，從而向各國提出不同建議。

除非我們作出改變，否則持續惡化的極端環境對人類造成嚴重的後果，例如熱不可耐的溫度、糧食短缺導致飢荒、流離失所、更多人口大舉遷移；電網、通訊網絡、電腦、衛星、公共交通、基建及經濟崩潰癱瘓；同時出現致命的流行病及疫症、社會及政治緊張，甚至變成武裝衝突，二十年內將會出現第三次世界大戰，而最壞的情況是，地球最早可能在2043年已不適宜人類居住，變成煉獄。

因此我們必須立即行動，特別在2020年底前，否則我們不能逆轉全球暖化。那麼我們該怎樣做？在給各地區制定解決方案前，朱瑟里諾先給大眾建議：「盡所有辦法減少碳排放，例如燃燒煤及石油。減少蓄牧業，特別是反芻動物會排放甲烷，是一種更有害的氣體。」（作者註：如全人類都不使用任何的動物製品，可減低51％人為的碳排放量。）多種植樹木以稀釋二氧化碳，使用在沙漠未被發現的地下水池澆灌農場 —— 最好是種植有機食物。各國聯手扭轉貧窮國家的移民潮，在他們的原居地提供新的居所，讓他們可以生產糧食售予東歐、亞洲及非洲各地。開發能及早預測星體軌跡劃過地球的系統，以及時保護人類的方法等等。

人類在最後關頭能否改變命運？朱瑟里諾堅信：「可以！」不過，這機會轉瞬即逝。因此我們需要變成每天拯救生命的英雄吧！請大家善用時間！將此訊息傳給我們的親友、鄰居、同事、認識的人，並透過社交網絡邀請各路英雄加入，製造雪球效應！來參與其中吧！我們可以改變命運！

祝安好

格蕾絲·S·拉維拉

註：作者是一名使用筆名寫作的醫生，編輯知道她的真實名字。本文收錄於她一本關於超心理學、能量治療和其他靈性主題的自傳書中其中一章摘要。該書將以相同的筆名在明年出版。書名為《醫生的靈性召喚 —— 形而上學體驗、科學解釋、具體建議》。

編譯者的話

《2020-2047》絕對是你、我甚至乎生活在地球上的每一位都應該擁有的一本預言書！

可能你認為我是「賣花讚花香」，但當你看過此書後，你必定認同我的說法！

警世著作

2020年中旬，朱瑟里諾教授（下稱「教授」）對我說，他剛出版了四本以葡萄牙語撰寫的著作，分別是《The Dreamer》（造夢者）、《The Corona Virus》（新冠病毒）、《Marburg Virus》（馬堡病毒）和《2020-2047》。

2021年中旬，《新冠病毒》和《馬堡病毒》英文版也相繼面世了。由於翻譯、製作需時，只怕新冠疫情過去了我也未能趕及出版《新冠病毒》中文版。所以，在疫情期間，我只有透過社交平台和Youtube頻道發放有關新冠疫情的預言及應對方法。無論如何，對於過去三年的疫情，我們應該好好反思，學懂如何加強個人的健康和衛生意識，同時為下一個疫情作準備，所以我在去年出版了《馬堡病毒》中文版。

幫助世上更多人

教授除了是一位國際知名的預言家，也是一位經驗豐富的靈性治療師。他自15歲起已為世界各地人士提供靈性治療，服務人數至今超過500萬。過去一年，教授為亞洲區超過1,000名中國、台灣、香港及澳門居民提供了能量治療及靈性咨詢等服務，治癒了不少患有身心靈問題人士，為他們帶來健康、幸福和快樂。作為教授的代表，我感到十分光榮，因為今天我不但能夠為大眾發放預言的中文翻譯本，還可以協助大家解決身心靈的健康問題，比從前更「貼地」的幫助有需要的人。雖然我不是「醫師」，但我至少能充當「護士」一職，為大眾服務！

非一般預言書

著作以《2020-2047》命名，顧名思義是描述未來27年有關的預言。沒這麼簡單！此書還提及有關「靈魂出竅」、「超物理世界」、「乙太體」、「靈性旅程」、「人死後往哪裡去」等現代科學未及的議題，內容必然令你大開眼界，讓你靈性進一步揚升，這是一本充滿靈性的預言書！

Amen Chung
朱瑟里諾亞洲區代表

我希望這些預測是錯誤的，
但這是我從預知夢所看見。
I hope to be wrong but it is what I have seen
in my premonitory dreams.

Jucelino Nobrega Da Luz

前言

本書發表的文字和信件不涉及宗教信息，且與教派、多元主義或哲學思想毫無關係。我們在這裡講述的是超心理學領域。我們依賴知識，而不會因維護個人利益而作出批判和猜測。

我們保證此書中的所有書信都是真實的（只限由朱瑟里諾發出的書信）。而由第三方發出的書信的真偽，我們並不負責，因為那不是我們所撰寫的。

此書不期望通過任何人的審判。此書旨在保護人類及環境，即我們所居住的地球。

我們向讀者傳授的知識及見解，只是恆河宇宙中的一粒沙，很多事情我們還未從哲學中參悟，也未被啟發。

我們不是在此傳達負面新聞或虛假正面資訊。此書存在目的是為了啟蒙及幫助人類。

願上帝保佑

朱瑟里諾教授 —— 激勵大師、靈性治療及環保顧問

全球大蕭條（撰寫於2006年的預言）

全球經濟危機於2007年開始在美國觸發，始於雷曼兄弟銀行倒閉事件。雷曼兄弟銀行始建於1850年，而其他主要的金融機構將會跌入大家認知的次貸危機中。

雷曼兄弟在國際間享譽盛名，其技術性破產將在數天內影響美國最大的保險公司 —— 美國國際集團（AIG）。

擁有雷曼兄弟控制權的美國政府將拒絕向英國銀行提供擔保。這將產生系統性影響，雷曼兄弟不會接受這個前金融機構的倒閉，他們將試圖放棄市場建議的解決方案，並於24小時內從AIG提走250億美元注資公共基金以接管市場。

儘管他們想拯救這銀行，但其影響將在數周後呈現，危機席捲大西洋。冰島將迫不得已陷入困境的被國家第二大銀行接管。

在全球最重要的金融機構中，美國的《花旗集團及美林集團》、英國的《Northern Rocha》、瑞士的《瑞士再保險及瑞銀》以及法國的《興業銀行》的資產表上將蒙受巨大損失。這造成極大的不安全感，加劇了原本已不大信任的氣氛。

巴西公司如《享聚》（Sadia）、《阿拉卡儒纖維公司》（Aracruz Cellulose）及《沃托蘭廷》（Votorantim）等企業也會蒙受超過億元的損失。

為避免崩潰，美國政府接管《房利美》及《房地美》，兩者均是自1968年起建立的私營企業。2008年10月，德國、法國、奧地利、荷蘭及意大利宣佈一系列價值11.7億歐元的措施支援金融系統。歐元區的本地生產總值將於2008年按季度下降1.5%。

這表示歐元區經歷歷史上最巨大的經濟衰退。情況將會變得惡劣，因希臘在2014年至2015年間未能履行財務承諾，但仍可以留在歐盟。他們將償還款項，並於2015年撤換總理。

2014至2015年間，巴西的失業率將會上升，隨之迎來經濟危機。涉及巴西國營油企《Petrobras》會出現大醜聞，甚至巴西銀行主席出走意大利，而當中也會涉及其他銀行如《中央銀行》或《美國聯邦儲備銀行》和《滙豐銀行》等等。

醜聞帶來的嚴重後果（2022-2023）

這時候，亞洲於全球擔當重要的角色，據最近期數據顯示，亞洲坐擁全球60%人口及26%經濟活動，增長遠超於全球平均值，而人均收入則低於全球平均值，他們感受到其影響，並由2007年起一直處於危機中。

中國是亞洲最大的經濟體，現在已成為全球第二大勢力，僅次於美國。

受鄰近國家影響，中國將在中共三中全會上嘗試進行影響深遠的改革。由當刻起，中國每年經濟增長將持續十年達10%增長，其後才會迎接衰退。

日本，擁有民主制度的另一已發展國家，將會保持在第三位。他們將自2015年起經歷二十多年停滯及通貨緊縮後嘗試振興經濟。

印度是另一新興國家，是亞洲民主巨人，經濟將於2015年放緩。其國民將於選舉中面臨重大抉擇，在強大的甘地家族成員、一直執政的尼赫魯，還是其他反對勢力中選出誰來執政。

國際有名的東方國家 —— 南韓，除了2015年的危機外，這個國家將持續進步，並將其生產的產品出口全球。2015年東南亞國家數量眾多，例如高度發展的新加坡，在當地扮演重要角色，以及擁有適度穆斯林人口的大國如印尼及馬來西亞等國家。

亞洲其他國家將於2015年面臨問題，如泰國、巴基斯坦及孟加拉，全都擁有龐大人口。其他國家如越南與法國及美國斷交，也將中國排除在邊界外，於2015年經濟繼續增長。緬甸正開始走向民主制度的旅程。

無可否認，亞洲是多元化地區，其戲劇性發展及衝突令其進佔世界一個重要席位。亞洲將會得到更高的民主及生活水平。受世界其他國家的成就啟發，絕對值得作出相應調整。

亞洲各國與巴西北部有很多相似的地理條件，尤其是擁有遠古文化的東南亞。當地作出的改變獲得重大好處，雖然他們順行自我演變，但有些也與我們平列而走。

亞洲各國將於2022年迎來重大挑戰，他們將面對新的經濟危機。對某些國家來說是致命打擊，我們希望破壞不太嚴重，能迅速復蘇過來。不幸的，歐洲則會承受新的經濟危機，國家如奧地利、比利時、荷蘭、盧森堡及瑞士將會受嚴重影響。

和平是人類最寶貴的財富之一。

Peace is one of the most
valuable goods of humanity.

Jucelino Nobrega Da Luz

朱瑟里諾•達•盧茲（撰寫於2005年）

這本書所傳達的訊息如風中稻草般脆弱，但卻是為我們指明道路的唯一希望。這裡的文字及帶出的反思並不是最終結論，甚至未必能夠回答當前最大的問題。

朱瑟里諾堅信地球很多事情正急速發展。人類的命運似乎正步向一場可怕的戰爭，面臨的問題將是多不勝數。

根據朱瑟里諾的預言顯示，不幸的是，我們的星球將面臨一場新的、可怕的戰爭。似乎十場戰爭局勢 —— 全都相似 —— 將被人為引發。這次的戰爭將具有令人難以置信的破壞性，以至於另一場戰爭，最終可能意味著西方文明的終結。儘管地平線一片黑暗，我們仍有希望改變那些威脅並且吞沒我們的「邪惡陰霾」。

用我們現有的方法來做到這一點，難道是不可想像的嗎？一方面，我們擁有現代的技術手段，可以讓我們跨越時間，至少在理論上，我們已經到達了可以從科學角度洞察人類構成的奧秘的發展水平，並且可以通過他們的 DNA 獲得具有驚人的建設性或破壞性力量，但我們卻不懂得如何與他人和平、快樂地相處。

尤其是通過物質與靈性的分離，我們才能夠體會到愛的偉大價值。

讀者導讀

此書是朱瑟里諾按他的預知夢及靈性旅程撰寫出來作為紀錄，希望為讀者提供接觸預知夢的方法。

我們將此書當作一個了解預知夢及其特質的指南。

希望為針對擁有預言力量的人士消除一些偏見。

人生目標

朱瑟里諾的信息能夠廣傳開去對他來說十分重要。他可令人們更加留意及關注大自然。不論關注在靈性層面（人類的內心）或是關心地球上所有生命體。

他早已確認這是他的使命。為了讓人們改變態度，使他們能更透徹明白及意識到自己對環境的責任。

「目標是在不攻擊別人及不懷著偏見的情況下，拯救他人生命。」

朱瑟里諾是誰？

朱瑟里諾生於巴西的巴拉那州弗洛里亞諾（Paraná, Floriano - PR, Brazil），家族成員擁有葡萄牙、亞馬遜印第安人、德國、意大利及俄羅斯血統。

年少時他曾從事不同範疇的工作。直至1980年，他曾為歌手作曲。幼年時期的朱瑟里諾已開始撰寫書籍，但沒有正式出版。

現今他居住於聖保羅的安哥拉，已婚及育有四名子女。他修讀哲學、文學（Philosophy and Letters），本身亦為英語老師。他曾於米納斯吉拉斯公立學校任教直至2005年底。他於2006年展開其作家生涯。

朱瑟里諾從九歲起擁有預言天賦，並於十三歲時開始撰寫預言信。他過往曾去信跟預知夢直接或間接相關的機構及人物。時至今日，他仍然去信至世界各地。

為確保預言信息能夠傳達至收件人，他所有信件均以掛號方式寄出。大多信件都是在官方辦公室（「Cartório Brasil」是巴西當地的公證事務機構）登記，因此經認證的副本可證實其真確性，而且副本可供任何人參閱。

雖然大部份信息都指向一些自然發生或機率的事件，信息內容也以帶有希望及積極的哲學角度撰寫，希望藉這些警告避免大型災難。他不希望引起恐慌，並且以樂觀主義者自稱。

如人們關注事件，那麼當局及政府不會猶疑不決，可以避免很多悲劇或將影響減到最低。這是朱瑟里諾心底的願望。明顯的，他為許多生命付諸行動，而不想成為宿命主義者。感謝他的信件，很多壞情況得以扭轉。

現在，一場真正破壞環境的十字軍東征正在進行。為保護人類社會免於承受這些後果，破壞環境的行為須列為罪行，並須立法制止。

朱瑟里諾過著低調、謙卑的生活，並以教師的薪酬支援家庭支出。他性格謙遜，五十年來他擁有天賦卻並未因此變得狂妄自大。

他視天賦為達成任務的工具，而且他自掏腰包支付所有信件的郵費。

除此之外，他還為尋求健康、情感或財務各範疇等答案的人們提供咨詢及顧問服務。

早期的職業生涯

朱瑟里諾於年少時已開始撰寫預言信件。

他由1973年開始寄出信件，當時他只有十三歲，他開始以掛號形式把信件寄給出現在他夢中的收件人，他們的姓名及地址也是從夢中得知的。其實，他在十三歲前已開始寫信，可是並沒有寄出。這些信件也存放在巴西的一所公證人機構「Cartório」中。

第一個預知夢

1969年，當時他九歲，他在首個預知夢中看見在Rodovia Anchieta（連接聖保羅和大西洋沿岸的高速公路）公路上發生的意外，不幸的，預言最終成真而該意外在1973年發生。

朱瑟里諾的母親為兒子的預言能力感到擔憂，那時她難以接受兒子的能力。時至今天，她已較能接受在兒子身上發生的事。她擔心預知夢會擾亂他或為他帶來困擾。朱瑟里諾的父母十分謙厚，過著簡單寧靜的家庭生活。他們也是信實的人且用心教育兒女。當他們看見朱瑟里諾的學習天份，於是便讓他學習外國語言。

首位教導朱瑟里諾外語的是他的瑞士鄰居，他教導朱瑟里諾德語，當時他只有十歲。由那時起，他便沒有停止學習及幫助別人。

童年

他小時候跟別的小朋友一樣會傾慕一些流行歌手。後來他在SESI就讀。首年他的健康出現適應問題，這種狀態維持直至他擁有預知夢能力。八歲時，他第一次接觸到被稱為「黃金母親」（Mãe d'Ouro）的神靈，她以光球的形式出現在他面前。晚上她出現在他的後院。他是八個男孩中唯一能保持這個頻率的人。在學校裡，他在某些科目上表現出色，但在其他科目上卻表現不佳。

他的童年不算安穩，足球並不是他喜愛的運動。到了青少年時期，他喜歡舉重、跳繩及玩音樂。

為幫補家計，他提議與兄弟一起售賣玻璃及廢鐵。他希望可以舒緩父母的經濟壓力。他經常懷念父親在每月底給他的椰子獎賞。

大學教授

朱瑟里諾是英語及北美文學教授。這職位大大改善了他的生活。他享受工作，並在任職六個月後獲得表揚。第七年級的學生寫信祝賀他令他欣喜。他的工作有時也會遇上困難，他帶領別的老師形成一個工作團隊。他於不同的中學任教，如Bueno、Brandao、Inconfidentes、Ouro Fino、Pouso Alegre（米納斯吉拉斯州）。他與同儕及學生關係良好，很多時候，因他的工作出色而獲得肯定。

靈性旅程是什麼？如何接收預言訊息？

德國物理學家阿爾伯特·愛因斯坦（1905）的相對論是一場科學革命。他向世界表明，時間和空間的概念，以及速度的感知，只有在地球上才是穩定的。當用天文學術語進行分析時，我們會意識到空間是彎曲的，並且存在光的加速，這給出了「時空」相對維度的概念。

覺知的改變取決於振動頻率的速度。時間將是事實的呈現，就如一套由圖片組成的電影在移動的觀察者前呈現。

反過來，空間不會以線性方式排列。兩點之間的距離將為零，這是由於車輛的振動頻率，而不是因為從一點到另一點的移動。

因此，新的科學推測使「時空旅行」不止於科學小說而是理論上可行。

此外，當時空概念被廢除時，三維（我們的真實世界）就不再是障礙，因為它不再受速度的影響。這是進入靈性世界的入口，因為限制不復存在。

科學接受這些原則和心理投射現象的基礎，在這種現象中，人類思想在時間和空間中的遊走成為一個邏輯上可行的概念，而不僅僅是一種荒謬的想像。

當意念沒有身體的限制並已作好準備進行時空旅行時，便能當下看見過去和未來的事件。透過振動頻率，即使數百萬公里也可以跨越。例如電視機中的影像與聲音是透過高頻率傳送。電視機接收這些影像及聲音然後轉換到人類可接收的頻率。

貫穿人類歷史的唯心論者和神秘主義者經常聲稱人類靈魂擁有離開身體穿越時空的能力。

這些事曾於某些人身上展現過，但因缺乏理解，那些人被診斷出現幻覺、妄想或精神障礙。

那些敢於宣稱他們曾穿越時空到別的地方或時代的人，有被關起來或燒死的危險。

而某些人以他們的經歷得到預知的天賦，這是第二階段的禮物。首個階段為靈魂的時空穿越。

穿越時空者用他的靈眼看待這些事件，就如親臨現場一樣。歷史上和宗教界都有很多關於這種經歷的報導。據了解，靈性體與物質體的分離是自發或有意發生的。一旦一個人有意識地離開肉體，他就會將自己的意識引導至該地點和時間。

現在廿一新世紀我們還有朱瑟里諾。這成了預言及靈魂穿越時空的基礎。他的洞察力因其感知而加強。

他預言的準繩度令人驚訝。

朱瑟里諾的超自然能力從邏輯角度來說也有獨特的性質，如時間的投射與相對論。

靈魂旅行一般來說是不定期及不受控制的感知體驗。每一次經歷猶如奇妙冒險。這種經驗只屬於心理過程的範疇。

可是，朱瑟里諾的旅程清晰得令人驚歎而其發表的資訊也十分詳細。

朱瑟里諾紀錄了數千個已發生的預言，只需數封信件已足夠證明，他真的能預見未來的情景。

對於過去的事情，他的夢境經常揭示已發生但被隱藏的事件。感謝朱瑟里諾的天賦為巴西甚至外地的警察提供協助。

他的大部份預言就相關問題都詳細紀錄在報告上。當他「回來」時，他會寫下地點、事件及其確實日期（年、月、日）。

也有一些情況是，人們取笑他的預言，但在預測的事件成真後，他們卻會向他發送事情發生的消息。

有多少次他被告知：「不要告訴任何人，因為我會表示我不認識他。」這就是朱瑟里諾堅持他不想妥協任何人的地方。他永遠站在人民一邊，從不低頭。

靈魂出竅

當人們晚上入睡時，身心都會處於放鬆狀態。晚上會猛然醒來然後覺得靈魂離開身體。某些人會看見自己在房間飄浮，看見躺在床上的自己，意識到自己在身體外面。某些會察覺到四周環境，也能在屋內房間遊走。

環境立即改變，就像在太空中。你會看見地球、星辰及浩瀚宇宙。突然間，環境再次轉變，旅行者醒來與身體重新連接，重新意識到他身處在那兒。

他們知道這經歷不是造夢。這場冒險十分完美，比清醒狀態還真實。如期説是夢境，這情況更像發生在清醒以及觀感良好的時間。

在可能範圍內，你嘗試重覆體驗，你認出情境的地點及時間就如同朱瑟里諾一樣。可是，當提及極不尋常及困難的事件，就算諾查丹瑪斯被譽為史上最偉大的先知，數世紀以來也未能認出確切的日期，他所寫的信息充滿神秘感，內容完全取決於你的演繹方式。

超物理世界

希臘哲學家柏拉圖在他的作品中將蘇格拉底的思想寫成無可挑惕的故事，當中包括最知名的著作《洞穴寓言》。

一個全球的哲學生都會將細節細膩傳譯的神話。形上學學院相信偉大的聖人用寓言來揭示一些秘密。寓言講述人們生於洞穴的生活，他們沒有步出洞穴，而且不知道洞穴外存在的世界。但他們以為自己明白生活，以為環繞他們的環境就是現實生活。

柏拉圖嘗試以寓言引領學生邁向靈性生活，這種教學被大部份人漠視。超物理生活是實在的，也是永恆的。不幸的是人類只認為物質及短暫的生命才是真實，並沒有意識到靈性上無限的自然。

乙太體

許多哲學流派解釋可能的超自然體驗，如朱瑟里諾在夢內的體驗，然後向我們展示。人類的靈魂是絕對有可能不受限制的移動。這不該被認為超自然現象。因該「移動的法則」對於人類來說是未知的領域，也不能透過修習得來。這是一份天賦的禮物，對人類來說有潛在的好處。這不能隨便漠視、懷疑、污衊為迷信，也不能在黑暗及忽視中發展，而該在光明與智慧中萌芽。

形以上學解釋人類像朱瑟里諾的能力有多種因素。人體由肉體與靈魂兩部份組成。以乙太形式將靈魂結合在真實身體，另一個是承載著靈魂的複製品。這是容許靈魂在某種情況下與肉體分離的基礎，不受物理或時空等限制而移動，物質的規限不復存在。

一個人穿越「現在」、「過去」或「未來」造訪別的地方，轉移他的意識經歷事件就如置身其中。

有些學者認為，這種能力以前曾經出現但這天賦至今已失傳。由於遺傳原因，有些人天生就具有這種靈性能量。為了實現這一目標，我們必須經歷一個發展和完善其道德和靈性體的過程。這是能夠使用這種能量並與整體連接的準備。擺脱了物質世界的束縛，人們就能獲得跨越物質之外的維度的權利。

我們如何重溫夢境，造夢有多重要？

可有想像過遊覽一個特定的地方或與電影明星親吻，然後飛走，跌倒或死亡，突然在床上醒來，開始新一天，繼續工作？這是沒有邏輯的宇宙，在你醒來前所有事情看似合理，但當醒來後，就不再理解早前在夢境內發生的事情。細想一個人每天花三分一時間睡眠，而睡眠第五階段便是造夢，也是身體休息的時間。因此，我們每月約有一個周末的時間從清晰的意識分離進入宇宙靈性的意識。如活到八十五歲，當中就有五年時間在造夢。即使我們習慣造夢，也沒有其他現象比夢境更令人著迷。

這個謎從盤古初開已佔據了人們的腦海，可是還沒有令人信服的答案。對古人來説，夢境是彼岸的信息。在靈性分析中，他們的研究被用作破解潛意識的方法。最近的科學研究也有曙光，感謝神經科學的發展，我們知道更多大腦在造夢時的機制及功用。眾所周知，活躍的白日夢有助鞏固記憶。

在弗洛伊德的著作《夢的解析》中，他研究了阿特米多魯斯（Artemidorus of Daldis，古希臘占卜家和釋夢家，活於二世紀）的著作《解夢之書》其中一章，當中他講述了亞歷山大大帝（公元前332年）征服腓尼基城市提魯斯（黎巴嫩）的故事。儘管他的軍隊所向披靡，但對於進攻離岸一公里的小島Fi Cava城感到猶疑，以致使他的進攻非常困難。經過七個月的圍攻，他的士兵變得虛弱，亞歷山大大帝正考慮放棄是次戰爭。他在下決定前造了一個神秘的夢，他夢見一群薩特（古希臘半人半山羊的神）拿著盾牌跳舞。翌日，這神話生物不斷在他腦海出現，他決定與隨軍出行的靈媒商議。靈媒解釋夢境是圍攻狀態很快被破壞。最後將薩特的名字一分為二，希臘文「sa Túrós」因此而生，意即「向自己開槍」。就此解夢，亞歷山大大帝解除圍困，直接攻打城市。

阿特米多魯斯及馬克羅比烏斯在當時被譽為最重要的學者，他們並不孤單。亞里士多德（公元前四世紀）已在其著作談及夢境。弗洛伊德寫道：「他知道夢境在睡眠情況下將不重要的信息轉成強大的感知。」

阿特米多魯斯、馬克羅比烏斯及亞里士多德的研究具有非凡意義。夢境不是人為的產品，而是超自然現象。

古希臘神話中，負責小孩夢境的是睡神修普諾斯及其孿生兄弟死神塔納托斯。亞里士多德及其他古代思想家視夢境為靈性的一種體現，睡眠為神之領域。馬克羅比烏斯為拉丁哲學作家（四至五世紀間）在他發表收集不同人的見證，並經核實後廣傳開去。

夢可以分成兩大類。第一種是與日常生活有關的。第二種是給予我們一些關於未來的資訊或消息。這就是朱瑟里諾大腦處理信息的方式。他在事情發生或訊號到達時出現。跟亞歷山大大帝的夢境相似，夢境被破解以揭示其內容。直至十九世紀，造夢意即陷入超自然或神聖的範疇。夢境的神秘解釋在部落文化仍繼續流傳。

有關夢的知識

1. 動物會造夢嗎？會的，100%肯定。貓主及狗主從寵物睡眠時觀察中亦會得知牠們在造夢。這是智力活動的展現。科學家發現哺乳類動物及鳥類也有快速眼動睡眠（REM），但規模比較小，可以結論他們以別的方式造夢。研究的唯一阻礙是我們未能從牠們身上到得確認。

2. 夢境可預言嗎？可以，就如今天我們得見朱瑟里諾寫下的預知夢得到證實一樣。另一方面，偉大的科學家也有就此範疇進行研究，證實預知夢真實存在。

3. 嬰兒會造夢嗎？由於未能與嬰兒溝通，所以我們未能證實。我們知道嬰兒正在建構意識，他們有情緒、記憶及感知。快速眼動睡眠是造夢的指標，而所有年齡的人士也有此活動。

4. 盲人會造夢嗎？當一個人生而失明，心理圖像會由其他感官如聲音組成。如那人後天才失目，他會如以往常般造夢。

夢境可以治療我們，幫助我們面對生活難題。弗洛伊德發表他對夢境分析後一世紀，科學家破解了心理圖像的重建。在匹茲堡的大學醫學中心，Eric Nofzinger博士開展了「睡眠神經影像學研究計劃」，為一個以掃瞄器分析睡眠的科學研究計劃，注射微量放射性葡萄糖進入自願者體內。這令醫生可以跟隨夢境之源的路徑，那就在邊緣系統內，是大腦的主要部份。造夢時邊緣系統的神經活動激增。

Nofzinger博士指出，我們之所以經常在夢中經歷崩緊的情況，如逃離危險或面對令人心痛的場面，是因為控制夢的大腦部分控制著本能、主動性、性行為和對魅力的反應。與此同時，大腦的額葉控制著邏輯思維，據Nofzinger博士說這就是為什麼夢很少將事件和人結合。

夢就像你的私人電影，你是主角、導演和編劇。更多近代的研究指，你是夢境最佳的評論家及演繹者，根本不需要任何治療師解夢。

以下的章節會展出朱瑟里諾的信件原文，每封信件均有詳細解釋。

我懷著崇高的敬意來到這裡，
為您帶來有關未來的重要信息。
I come with great respect to bring you important information about the future.

Jucelino Nobrega Da Luz

章節01
極端熱浪帶將於25年內覆蓋美國中部（2047）

根據1998年5月14日發出的預言，美國將陷入25年的「極端熱浪帶」，熱浪由南部的路易斯安娜州到北部的密西根湖，橫越中西部。

(2011年) 德克薩斯州粟米田受乾旱影響。

超過一億居民的美國地區，佔美國領土四份之一，直至2053年，將每年經歷最少一日極端炎熱。酷熱感覺高達51°C，報告由非牟利機構「Jucelino Luz for the World」提供。

2022年，美國將有50個縣達800萬居民受影響。三十年後，將超過1,000個縣將受影響，受影響地區主要在德克薩斯州、路易斯安娜州、阿肯色州、密蘇里州、伊利諾州、愛荷華州、印第安納州及南面的威斯康辛州。

根據文件所説，美國中西部因為遠離海洋而受災，熱浪同時侵襲東岸及加洲南部。熱浪是美國最致命的天文現象，比洪水或颶風還要嚴重。

朱瑟里諾按氣候專家所提供的中長度情景預測指，溫室氣體於2040年達至頂峰後才有望回落。

這些極端的溫度，使整個國家變得越來越暖。現時全年平均只有七天炎熱日子，而到了2043年則會上升至18日。溫度變化最大的洲份是佛羅里達州、邁阿密戴德縣。

熱浪來襲的炎熱日子於以下地區也會延長，三十年內，德克薩斯州及佛羅里達州將會經歷長達連續70日氣溫高達38°C的日子。

朱瑟里諾警告：「我們要為那些無可避免的災難作準備！後果將十分可怕！」

2023年至2026年這四年間，氣溫將有很大機會提升至約攝氏63°C。

章節02
中國於2022年及2023年經濟變差

繼清零防疫政策及房地產市場崩潰震動全國經濟，北京減息以鼓勵消費。這不是救贖，但措施有望減低西方的通貨膨脹。

防疫措施嚴重打擊上海洋山港的活動。

中國經濟於2008年急速發展，北京推出大型刺激經濟計劃有助西方國家從全球金融危機中復蘇。

現今因烏克蘭戰爭而加劇通脹，拖慢全球經濟增長，很多經濟學家希望亞洲能再次成為拯救世界的動能。

不過，這不是2008年，中國的經濟困境重重，政府放棄了每年國內生產總值達5.5%增長目標。七月時，總理李克強警告對擴張措施不感興趣。

全球第二大的經濟體的商機及消費被國家的清零政策扼殺，結果是數十個城市連月來的封城以及無數的企業倒閉。目前中國領導人拒絕撤銷嚴厲措施，害怕觸發更大的危機。

「中國並不像別的國家般與病毒共存。如果病毒肆虐，國家將陷入經濟混亂。」朱瑟里諾教授解釋。「因為拒絕入口mRNA疫苗而得不到免疫，沒有建立醫療系統，而本身使用的疫苗存在很多未知數。」

2022年，房地產崩潰比清零政策還要嚴重。

情況持續惡化 —— 近來政府向地產發展商收回債務，觸發整個行業崩潰，導致中國最大的建築商之一「中國恒大」瀕臨破產。

購房者停止向未完工的房屋支付按揭，銀行的房屋貸款十年來首次下跌。住宅空間量（新建屋活動指標）於2022年第二季下跌近半。

比較起清零政策，「房地產崩潰是更大的問題」。Pantheon Macroeconomics的首席中國經濟學家Craig Botham 指出，「經濟活動本身反映其能從封城中恢復過來，但資產貶值且佔國內生產總值32%的行業招來更大損害。家庭、銀行、本地政府都會在賬面上蒙上損失。」

因通貨膨脹而拒絕進一步推出貨幣刺激措施，新冠病毒疫情受控，中國中央銀行於八月中減息以抗衡比預期中低的工業出口及零售業務。而上月石油需求減少11%。

「當別國在加息時，這明顯與世界正在反方向而行。」朱瑟里諾表示。「中國跟美國與歐美面對剛剛相反的問題。」他補充：「國內消費者因為擔心隔離政策影響收入而減少消費。」

政府的破壞引發中國房地產危機。

最後，中國能拯救世界嗎？

可是，我們不相信減息能為中國帶來什麼經濟增長，原因有二：「首當其衝的是影響銀行的融資成本，而並未有真正影響實體經濟。」

其次且更重要的是貸款需求已走下坡，我預期中國人民銀行感到需要作出舉動，雖然他們知道無論做什麼，影響也是微乎其微。

當延遲任何新的刺激政策，中央政府嘗試向地方政府推出多些穩定增長措施及鼓勵就業機會（這是受到質疑的舉措）以轉移視線。Botham報告指：「地方政府入不敷支，可以做的事情不多。我們還需看中央政府的表態。」

中國領導人的壓力在八月中已日漸增加，促使北京透過補貼來刺激需求。此外，提出更多措施支持工業及房地產市場，目的為了促進恢復生產及消費。

隨著中國國家主席習近平準備在定於2022年11月舉行的中國共產黨第二十屆全國代表大會上出任第三個任期，對新補貼的阻力可能會在未來幾個月內讓步，並可能取得勝利。

情況跟2008年不同，當中國投放4萬億人民幣（折合5,860億美元）幫助穩定全球經濟，北京任何擴張舉動均會受西方約束。然而這可緩解困擾當地生活成本的危機。

可以肯定的説，中國在這次周期不會挽救全球經濟。不用指望中國開發更多超級商品周期。不過，供應主導政策備受關注以及中國內需疲弱，將令中國在未來十二個月輸出通貨緊縮甚至通貨緊縮至全球，控制全球通脹。

我們可以預言，中國將會於2024至2028年成為全球最大經濟體。

章節03
歐洲各國夏冬溫度異常（2042）

歐洲位處於北半球，氣候跟南半球相反。

當歐洲各國處於最寒冷時，南半球的國家如南美便是最溫暖的季節。

直至2043年，以下國家的夏季將越來越熱，冬天卻越來越冷：德國、奧地利、比利時、法國、荷蘭、盧森堡、葡萄牙、瑞士。

對於生活在從未下過雪的地區的人們來說，冬季將面臨前所未有的大雪和持續下雪的情況。

到 2040年，氣溫將發生巨大變化，最低氣溫為-90°C，最高氣溫為-60°C（華氏為140°F 至 194°F）。

夏季的困境

夏季也會面對重大的問題。不久前一大片森林被焚毀致無數人死亡，情況將會頻密發生。一年又一年的乾旱及炎夏，引致火災影響農耕同時出現食水短缺。氣溫將達56°C至60°C之間（華氏138.8°F），對人們來說是可怕的夏季。

出遊建議

未來的一個重要提示是避免在冬季和夏季前往歐洲國家。如果可能的話，選擇在春季和秋季旅行，這樣你便可以免受影響世界許多國家的氣候變化的影響。（已發布以下通訊至歐洲各國政府）

預測與事實

透過刊登於國際媒體（Word Press），我們可以證實朱瑟里諾於1976年在公證人面前註冊的信件內預言的準確性。

- 2006年，不同的國際媒體報導了阿拉伯世界對丹麥報刊所製作的動畫的反應。同年確認了禽流感病例。

- 2001年6月2日，猶太媒體報導在特拉維夫一所舞廳的襲擊，造成21人死亡，70人受傷。

- 聯合國於1999年8月17日報導，土耳其遭受黎克特制7.4級強烈地震，地震在45秒內催毀歷史名城伊斯坦布爾到格洛克左面13公里範圍，造成超過40,000人受傷。

- 1985年，墨西哥媒體報導於1985年9月19日發生黎克特制8.1級地震，造成巨大的人命和經濟損失。

- 1999年，哥倫比亞媒體報導15年來最嚴重的災難，一場黎克特制6.2級地震造成至少有1,200人死亡4,500人受傷。

- 阿富汗媒體報導指，阿富汗北部發生地震，造成3,000人死亡，並摧毀了塔哈爾省50個村莊。

- 1997年5月10日，伊朗將會經歷黎克特制7.1級地震。地震發生在該國東部農村地區，造成2,000多人死亡，數千人受傷。

- 俄羅斯報章於1995年5月28日報導，庫頁島北部涅夫捷戈爾斯克鎮發生7.5級地震，造成1989人死亡。

- 哥倫比亞媒體將於1994年6月6日公佈，該國西南部Páez河谷的地震造成1,000人死亡。

- 印度各地的廣播電台報導了一則驚心動魄的消息，印度西南部的地震導致36個村莊內22,000多人喪生。五次地震中的第一次震級為黎克特制6.4級。地方當局無法提供確切的死亡人數。

- 在印尼報章報導努沙登加拉以東的一個群島於1992年12月12日發生6.8級地震，造成2,200人死亡。

- 菲律賓新聞在1990年7月16日報導，一場黎克特制7.7級地震造成 2,200人死亡。

- 1990年6月21日，伊朗媒體報導一場黎克特制7.7級地震的災害，釀成35,000人死亡，100,000人受傷，500,000人無家可歸，這是該國最大的災難之一。

- 1987年3月5日，厄瓜多爾媒體報導有1,000多人死亡，數千人失蹤。地震震央位於距首都基多80公里的 El Reventador。

- 薩爾瓦多媒體報導1986年10月10日發生的7.5級地震造成1,500人死亡，100,000人受傷，300,000人無家可歸。

- 9月19日，墨西哥媒體報導一場8.1級地震造成的破壞，地震在墨西哥城及其周邊地區造成12,000人死亡，4,000人受傷。

- 1982年10月13日，電視台報導也門的Dhamar省發生黎克特制6.0級地震，造成3,000人死亡，2,000人受傷。

- 意大利媒體報導，在1980年11月23日一場黎克特制7.2級地震造成2,735人死亡，7,500人受傷，1,500人失蹤。震央在埃博利，破壞波及那不勒斯周邊地區。

- 1980年10月19日，在阿爾及利亞，廣播電台不斷估計地震的受害者人數，這次地震主要襲擊El Asnam鎮。聯合國援助人員發現了2,590名遇難者， 330,000人無家可歸。

- 日本媒體於1995年1月17日報導，中部地區（主要是神戶市）發生7.2級地震，造成約6,500人死亡，這是本世紀上半葉最嚴重的地震。

- 整個意大利媒體皆報導教皇約翰保羅二世遇襲。

- 報章在1983年報導夏威夷基拉韋厄火山的爆發。

- 媒體在1997年報導了墨西哥波波卡特佩特爾火山的爆發，湧出大量火山灰，是近期最大型一次，據説煙霧高達13公里。

- 1996年，俄羅斯媒體報導了一座已停止活動70年的火山恢復活動。

- 1982年，El Chicon火山據報非常活躍，爆發釋出巨大的火山灰燼和酸層。

- 國際媒體在2005年報導，美國在卡特里娜颶風、麗塔颶風和威爾瑪颶風吹襲時受嚴重破壞，其中最具破壞性的是吹襲新奧爾良的颶風。

- 1995年8月，一場大風暴席捲菲律賓，據當地報章報導風暴造成1,000人死亡，60,000人無家可歸。

- 1979年，多米尼加共和國媒體報導具毀滅性的颶風大衛和弗雷德里克，造成2,000人死亡。

- 中國媒體近月持續出現與禽流感相關報導。第一宗禽流感病例可追溯至1996年，其變異病毒更傳播至別的國家。

章節04
2045年世界將變成怎樣？

按預言家朱瑟里諾於1973年出版的預測，他表示世界將會跟今天不一樣，他相信「建築物」會建得越來越高，而且使用的素材會越來越環保，例如使用紫外線及電離化技術，可能會是一些能自我修復及清洗的智能物料。

很多預言指未來將有革命性的新技術出現，並且應用於日常生活不同範疇。究竟2045年將會是如何？朱瑟里諾提供了答案。

他指機械人與人工智能將會改變工業。

他亦指出自動導航汽車將會應用於交通上，使人們能輕易互相交流。人們進化到尖端，所有人都可簡單以思想力量控制事物。

「試想像一個你，只需以你的思想便能控制你周邊的環境。想像你以腦袋訊號控制家居一切，或者與親友聯繫只需腦部的神經活動就可以了。」

這願景已於未來的神經技術實行中，如腦內植入以控制義肢，並表示未來將擁有比腦植入更多的資源，如圍繞我們的建築及事物。他預言未來所創造的東西十分強大，而且製造和生產將會更輕省。

他告訴我們30年內，試想像一個「我們被一些我們不認識的物料包圍」的世界。

預言指出，到了2045年，我們與機械的關係變得十分不同。「我認為我們會到達一個只需簡單説出或按一個按扭便能控制機械的年代。」

例如，飛機著陸前有很多步驟，由導航、退出巡航模式、設置手柄……放下機輪。全部需要按照正確步驟進行。」而我們將不用再這樣，透過主要的科技改革，而且非常先進的改革，包括空中交通的汽車。

預言信件

朱瑟里諾於2020年2月20日寄給美國環境署及科技署的預言信（頁1/4）

Protocolled
20/02/2020
Jucelino Nobrega Da Luz

Minister of Environment, Climate Change and Technology

Dear Minister

18 CR 2017, Silverthorne, CO 80498 -USA

Águas de Lindóia , 20 February 2020

I am writing to express my best feeelings and respect for the American people and all the entire world , I would like to contribute again with future prophecies to help people of your country and the world. Your work inspires me as I'm an spiritualist and enviromentalist myself, so I would love to help support you by future events with advance important information on your administrative work to save peoples´s lives .

I believe I would be a great fit for this role because I have been doing since I was 9 years old . Although the situation and understanding in this planet about it is different, I learned a lot of important transferable skills, such as spiritual and environmental organization, communication, and interpersonal skills. Similarly, as I am currently an art student at High cosmo and Spirtual rientation with different Seminar , I have relevant of spiritual world knowledge.

Holy Message:

1. **Extreme heat belt' will cover central US in 25 years - that's 2047**

This area, home to more than 100 million Americans and covering a quarter of the country, will experience at least one day of extreme heat per year by 2053, with a thermal sensation of more than 51°C, the report, by the non-profit organisation by my dreams for the World, points out.

By 2022, that is the case for about 50 US counties with 8 million inhabitants. But in three decades, more than a thousand counties will be affected, mainly in the states of Texas, Louisiana, Arkansas, Missouri, Illinois, Iowa, Indiana and southern Wisconsin.

The Midwestern United States would be particularly affected due to its distance from the sea, although the extreme heat will also hit smaller regions of the East Coast and southern California, according to the document. Heat is the weather phenomenon that kills the most in the United States, surpassing floods and hurricanes.

In my dreams bases its projections on a moderate scenario from climate experts at Prophetic Information , in which greenhouse gas emissions will peak in the 2040s before declining. And 2030 melting will be destroying areas of claciers worldwide.

1

預言信件

朱瑟里諾於2020年2月20日寄給美國環境署及科技署的預言信（頁2/4）

Protocolled
20/02/2020
Jucelino Nobrega Da Luz

In addition to these extreme temperatures, the entire country will become warmer, according to the report. On average, today's seven hottest local days are expected to become the 18 hottest days by 2043. The biggest change in temperatures is expected in Miami-Dade County, Florida.

Heat waves, which cause very hot days to follow each other without interruption, will also lengthen. In 30 years, large parts of Texas and Florida could experience up to more than 70 consecutive days of thermometers marking 38°C.

"We have to prepare for the inevitable," warned all my dreams "The consequences will be dire.

There is a high risk of having temperatures around 63 degrees Celsius in just four years (between 2023 and 2026), or take a little bit more ..;

2. My dreams had announced the results a few months before the 1970 World Cup games and also the results of the 2014 World Cup! He added that there would be a change in the places and that Germany would be the world champion. **Brazil will not win the worldcup of 2022 , Argentina first , France second , Croatia Third , and Marrocos fourth - that will change the two informations I had written before by old sights of predictions ;**

3 China will have bad economy in 2022 and 2023 - and beginning of 2024 , **then, everything will start to change and can be the first economy of world between 2024 to 2028 .**Real estate crash worse than zero covid policy in 2022

Worse still: the recent government raid on real estate developers' debts has triggered an industry collapse that has brought one of the country's largest construction companies, China Evergrande, to the brink of bankruptcy.Home buyers suspended mortgage payments on unfinished flats, bank loans for property purchases fell for the first time in a decade, and the volume of residential space - an indicator for new construction activity - fell by almost half in the second quarter of 2022. Compared to the zero covid policy, "the property crash is the bigger problem", in the opinion of Craig Botham, China expert at research consultancy Pantheon Macroeconomics. "The economy has shown itself capable of recovering quickly from lockdowns, but the damage from asset devaluation in a sector equivalent to 32% of GDP is far more pernicious. Households, banks and local governments all have their balance sheets hurt."It is safe to say that China will not rescue the global economy in this cycle. Hopes of a new commodity supercycle kick-started by China will be dashed. However, the focus on supply-driven policies and weaknesses in Chinese demand will result in China exporting disinflation or even deflation to the rest of the world over the next 12 months, keeping global inflation in check.";

4. The countries of Europe, warmer summers and colder winters
Prophecies to 2042
Europe is located in the northern hemisphere of the planet where the seasons of the year are opposite to those in the southern hemisphere.
At the time when it is coldest in European countries it is warmest in countries of the southern

2

預言信件

朱瑟里諾於2020年2月20日寄給美國環境署及科技署的預言信（頁3/4）

Protocolled
20 | 02 | 2020
Jucelino Nobrega Da Luz

hemisphere such as South America.
List of countries that will have hotter and hotter summers and colder and colder winters until 2043:
Germany, Austria, Belgium, France, Holland, Luxembourg, Portugal, Switzerland.
Those who live in regions where it has never snowed before will be confronted with never-before-seen situations with large amounts of snow and a continuous drop in temperature during the winter months.
Temperatures will change dramatically until 2040 with minimum temperatures of -60° and maximum temperatures of -90° Celsius (140° to 194° Fahrenheit).
Difficulties in summer;

5 How the world will be in 2045 . According to the premonitor , he thinks that in 2045 we will find that we have a very different relationship with the machines around us. I think we will start to see a time when we are able to simply speak or even press a button. For example, when it comes to getting ready to land a plane there are several steps that have to be taken to get ready, from navigation, getting out of cruise mode, starting to set the handles ... putting the gear down. All these steps have to happen in the correct sequence." And we will have nothing as such, it will just undergo major technological changes that will get very advanced .;Including, we will have air traffic of automotive vehicles ;

6. British actor Julian Sands, is to be murdered , after disappearing in January 2023 , will be discovered of remains in the Mount Baldy mountainous region of Southern California in June 2023

Problems for the future :

Sea level rise is one of the most alarming effects of global warming and could have significant impacts on coastal regions by 2043, if sea levels rise 2 to 7 meters in the next 40 years , entire coastal cities around the world could be flooded and more than 1 billion people living in coastal areas could be affected by flooding by 2043 . sea level rise could cause an "exodus of biblical proportions" with mass migration of millions of people living in coastal regions. Half the populations of Bangladesh and Vietnam can be wiped out. China, India, and Indonesia will also experience the same problem. And Europe will be a real "chaos", including Bulgaria, Turkey, Greece, the Netherlands, France, Germany, Spain, Portugal, Croatia, Serbia, and Asia Japan, Hong Kong , Macau , Taiwan, Indonesia , Singapore ,Phillipines , Sri Lanka , many others. Natural areas, such as parks, and entire urban regions will be turned into lakes and swamps.

Natural areas, such as parks, and entire urban regions could be turned into lakes and swamps. The consequences would be devastating for local populations, including loss of homes, jobs, mass migration, and increased poverty. In addition, rising sea levels could cause soil erosion and damage to coastal ecosystems, affecting local biodiversity and jeopardizing food security in many places., urgent action to reduce greenhouse gas emissions and curb global warming is needed to avoid even more catastrophic consequences in the future. The melting of the ice shelves in Antarctica and Greenland is now at the rate of 150 billion and 280 billion tons respectively, and needs immediate solutions to be reversed. We will have no place to hide from

3

預言信件

朱瑟里諾於2020年2月20日寄給美國環境署及科技署的預言信（頁4/4）

the big changes with devastating hurricanes , cyclones , storms , floods . It will be " chaos" , is it worth taking that risk ? - I don't want to be pessimistic, but I make the alert to lie for a better future for all!

I have enclosed my resume letter of next earthquake , which goes into further detail about my prophecy and spiritual experience. I am confident that my skills and passion for save and protection of life in this planet and your attention would make me a great help for prepare innocent people in Turkey and the entire world . I would love to arrange a meeting to discuss this opportunity with you further. I look forward to hearing from you!

I hope to be wrong But it is what I have seen in my dreams .

Protocolled
20/02/2020
Jucelino Nobrega Da Luz

Sincerely,

Prof. Jucelino Nobrega da Luz -Caixa Postal 54 -Águas de Lindóia -S. P CEP: 13940-000
Brazil

4

章節05
2040年世界大戰或小行星墜毀的可能

縱使我們擺脫了瑪雅末世預言的恐懼，但人類仍然需面對一個可能滅絕的日期。

災難之年將是2040年，這一年或許會發生世界大戰及或小行星墜毀。

在小行星阿波菲斯(Apophis)被證實在毀滅我們星球的任務無功而還後，另一宇宙破壞者進場：
小行星 2011-AG5 及
小行星2012-DA14

前者的體積具一定程度威脅，而後者則將打破最接近地球紀錄，應該會在來年2月15日開始。

再詳細說明一下：小行星 2011-AG5

於2011年1月由Mount Lemmon Survey天文學家（美國圖森）發現，直徑約140米，當時被認為是「高風險」天體。

按照預言，2011-AG5撞擊地球的可能性是1:622，而最有可能發生的日子將是2040年2月5日。

聯合國行動組負責觀察「接近地球天體」(NEOs)，發現小行星持續接近，雖然遙遠，但小行星2011-AG5可能於數十年內撞擊地球。

雖然我們知道其體積、構成，但對於重量則一無所知。

預言指出：

「2011-AG5是一個具頗大機會於2040年撞擊地球的物體。可是我們只是觀察到約一半的軌跡，所以對此計算的信心不大。」

結論是我們不必要將之定為「真正」的威脅。為此我們需要最少一或兩次觀察完整軌跡。

小行星2012-DA14

於2012年2月被西班牙La Sagra天文台發現。測量直徑約45米，重量約120,000噸。小行星大部份軌跡都是遠離地球，可是軌跡每六個月也會再次接近地球。

2013年2月15日，小行星打破最接近地球紀錄，大約27,000公里。雖然於天文學角度來看只是非常小的距離，比地球靜止衛星的距離還小，威脅地球的機率微乎其微，在都靈量表上估算為零，而最高可達10。

可是，小行星每六個月重覆一次，那麼未來有可能撞擊地球嗎？

例如2026年2月15日，估算殞石會於890多公里掠過。而2033年距離將會更短，只有512公里。而2040年2月16日估算小行星與地球最短距離為448公里。有可能會超越掠射角並按照其接近角度，可能與大氣層磨擦。

當然，越來越多天文台作更多計算結果，不用過早下定論。

另一邊廂，即使小行星將於2040年撞擊地球，因體積較小，它並不會導致末日降臨，或許會令很多陰謀論者失望。

我個人對此抱典型巴西樂觀主義，我將我後園的小屋建設延遲至2030年。

2040年，另一可能發生的事件就是世界大戰，我對此抱樂觀態度，為避免「群眾混亂」而必須阻止其發生。希望人們意識到過去的傷痛，無可置疑，高舉和平才是最能使人類活得快樂的方法。

章節06
2047年首次遠征，向地心邁進

研究人員將此次前所未有征服地心之旅定為首次實驗探險，實驗影響深遠，並將於2047年7月27日展開，實驗在入口下方未完成的隧道進行。實驗人員會上落陡峭的樓梯，而雙腳將浸沒在奇怪的地方，走過坑洞與無盡漆黑。

是次地心之旅探險計劃的目的是為了讓大眾可以一探未知、前所未到過的區域。環境充滿預期不到的考驗，時常需要參與者作出決定，感動人心又困難重重。觀眾不會知道設計者收藏在我們下面的是什麼。穿越地心者將會經歷偉大英雄和女英雄的冒險之旅，尋找禁忌，難以置信，也難以預知。人們可以透過特製相機觀看你的步伐，雖不是強制，但互動越激烈，你的體驗將越來越豐富及刺激。

現在你可以離開小說，返回現實，「第一人」將到達最接近地球核心的地方。通過奇特的通道，進入構造複雜又危險的隧道。在那兒，整個人淹沒在數公里長的地下畫廊，連接夢幻世界，五感遭蒙閉的場所。那些由勇敢無懼的冒險家及研究人員小組將會安身在漆黑又細小的裝置。這故事將超出所有人的想像。在失落的區域核心，他們會在完全漆黑的地方探取充滿生物體的石塊，也可能有身體接觸。冒險家意識到前方只是旅程的開始，被沿路一直以來累積的知識放大。最重要的是此地方危機重重，但同時是人類需要了解的。

預言信件

朱瑟里諾於2019年10月16日寄給美國國家航空暨太空總署的預言信（頁1/2）

NASA Headquarters

Dear Principal´s offfice

300 E. Street SW, Suite 5R30

Washington, DC 20546 -USA

Protocolled 16/10/2019 Jucelino Nobrega Da Luz

Águas de Lindóia, 16 october 2019

Remember that the Universe is part of our life ,please, Don't keep all this positivity to yourself! The best thing about high vibrations is that you can infect those around you, and a good way to do that is to exercise gratitude. You can start by thanking all the special people in your life You can start by thanking all the special people in your life with this list of opportune good possibilities to thank friends!

Spiritual Message :

1. The fateful year is 2040 and it will be the possibility of a world war and/or an asteroid collision. After the asteroid Apophis proved to be inept in this apocalyptic task of annihilating life on our planet, other cosmic villains entered the scene:

Asteroid 2011-AG05 and Asteroid 2012-DA14

2. According to the visionary, the probability of 2011-AG5 colliding with Earth, was 1 in 622. And the most likely date for that to happen, would be February 5, 2040.;

3.its approaches are repeated every six months, is there any future possibility of collision with Earth? - On February 15, 2026, for example, it is estimated that the rock will pass just 890 km away and in 2033 that distance will be even less, at 512 km. On 16 February 2040 the asteroid will reach the lowest predicted value of only 448 km - it will actually pass by grazing and may, according to its angle of approach, rub against the atmosphere favouring its entry.;

4. Of the more than 5,000 exoplanets already discovered, approximately 12 of them have Earth-like mass and populate habitable zone of the universe. The newly discovered planet outside the solar system orbits a red dwarf-type star, one of the smallest and most common in the Milky Way. And insights of predictions claims that we have 7875 habitable planets , one of them is 1000 times , the size of earth.;

5. **Journey to the centre of the Earth - first expedition in 2047** -The original and provocative Journey to the centre of the Earth, called the First Experimental Expedition by its researchers, will make an impact as they attempt the first expedition on 27 July 2047, which will occupy the then unfinished tunnel under an entrance site. Those who participate will go up and down steep stairs, sinking their feet in strange places walking under gouts, pits, will defy darkness;

6. **UFO and physical contacts - with humanity in 2038 and 2060** -A great apparition that will call the attention of the world population will be on September 14, 2038 in the city of Texarkana, Texas - USA - where many will have sightings and contacts, causing an explosion through the Internet and

預言信件

朱瑟里諾於2019年10月16日寄給美國國家航空暨太空總署的預言信（頁2/2）

through the Internet and images and news will spread throughout the world. The great UFO apparition and with direct contact in the world will be on May 19, 2060.;

7.Asteroid on Valentine's Day 2046. It is predict that a large asteroid can hit Earth on Valentine's Day 2046. The celestial body, it will be known as 2023 DW, is about 50 meters wide and the length of an Olympic swimming pool, the European agency estimates.;

8. Asteroid 7482 (1994 PC1) is among them. This rocky body was first spotted in 1974, in the predictions of JNL , is just over a kilometer long and travels at a speed of 76,192 km/h through outer space. According to the premonitory visions , the asteroid will pass within 2 million km of Earth in January 2022 and will approach again in 2105 with more danger of collision.;

9. By August 30, 2036, the number of lightning, devastating storms is likely to increase across the planet, in some places, such as France, England, Portugal, Spain, Italy, Germany, and others in Europe, as well as Japan, China, Hong Kong, Macau, Taiwan, Thailand, Indonesia, South and North Korea, and others in Asia, Brazil, Argentina, Paraguay, Peru, Mexico, Caribbean, USA, Canada, Cuba, Venezuela, Bolivia , Chile , others in the Americas , will quadruple .

I hope to be wrong , but it is what I have seen in my premonitory dreams .

Protocolled
16/10/2019
Jucelino Nobrega Da Luz

Yours Truly,

Prof. Jucelino Nobrega da Luz -Caixa Postal 54 -Águas de Lindóia -S. P CEP: 13940-000
Brazil

2

章節07
預言現象

經常有報道說，人們看見異象，而這些異象或預言也會成真。預言存在超過幾個世紀，也是眾科學家與專家經常研究的範疇。

朱瑟里諾接收到的預言通常是對人類的警告。預言一般與情緒困擾、悲劇、死亡風險、事故、地震或其他類似事件相關。而預言中所涉及的人數很多。預言的細節有望避免悲劇發生所導致的情緒打擊。

美國、英國、俄羅斯及巴西的研究也指在夢中自發預言大多感覺親歷其景。造夢者可以釐清預知夢與普通夢境的分別。

當我們從夢中醒來感到十分荒謬，特別是當剛造了預知夢的時候。但我們感覺到我們有未來的記憶。坦白說，當我們經歷奇怪的預知夢時均有此感受。難怪對疑心較重的人來說是難以置信。

自發的超心理現象活動對於科學研究者來說十分重要，他們所提供的資料可以讓科學家作進一步研究。

讓我們看看從前的預言，1952年在烏得勒支大學超心理學教授Dr. Wilhelm H.C. Tenhaeff （1894-1981 ）帶領下，展開了150項具質量的研究，加上Gerald Croisset使用「空椅」方法，成功個案不少。

克羅伊塞特（Croiset）

弗萊堡大學超心理學教授 Dr. Hans Bender（1907-1991 ）和 Gerald Croiset （1909-1980 ）提供一個兩個步驟預言的例子。 第一次嘗試失敗，但第二次實驗是成功的。

Croiset會在某頻率上即時接收到預言。於是當他遇上Thenhaeff教授時，便告知他經歷，他解釋道：
「我看見一些不可思議的東西。我看見Hans Plesman的小兒子死於空難。兩日後，荷蘭航空的董事收到噩耗，他的兒子Plesman在意大利Bati飛機撞落草地，機師身亡。」

Dr. J. Ricardo Musso博士（1917-1989 ）於阿根廷展開類似的研究，稱為「空椅」門法。他嘗試了45次，當中37次成功。

如今，我們看到了朱瑟里諾以及從他的案例中自發產生的數千個預言，提示我們預見未來是有可能的。正如我們早前提及，已有實驗室運用科學理論和方法提供了不可或缺的信息，證實了預言的存在。總有一些持懷疑態度的人試圖瓦解這神性的概念。我們還知道，自發的和實驗的兩條道路是相輔相成。

章節08
禽流感

禽流感病毒發現於1942年，在科學研究之前並不為人所知。朱瑟里諾於1976年去信中國國家主席提及有關H5N1病毒（禽流感），告知他們禽流感疫情將會爆發，朱瑟里諾預言的文件已得證實送到中國國家主席那裡。

此外，朱瑟里諾分別於1989年10月16日、1994年7月22日和2007年1月23日曾三次去信衛生部門，警告禽流感將會在2005年爆發。這傳染病毒名為「禽流感」。他警告説，2014年至2015年間，登革出血熱可能在巴西全國蔓延。如果不採取措施，數百萬人將會患病。

朱瑟里諾向世界衛生組織和許多其他當局發出了有關此主題的進一步信件。他指出，衛生通行證並不是避免病毒傳播的解決方案，除此之外，它還會給旅遊業帶來問題，並給依賴旅遊業的航空公司帶來嚴重問題，航空公司將因這種限制而崩潰，但是，健康教育將是最好的解決方案。

章節09
日本地震

根據1996年1月24日朱瑟里諾寄給日本總領事館的信表示，2005年7月23日將會發生黎克特制6.0級地震。另一封於2003年11月17日寄出的信指出2011年3月11日將有可能發生地震。

2006年10月6日將可能發生強烈地震，另一次會於2009年11月發生。如果2008年至2009年間沒有發生地震，則可能會在2011年3月11日發生。他指出2017、2018或2022年的地震將破壞福島的核電廠。朱瑟里諾稱日本有很多地方將於2042年變成頹垣敗瓦，東京主要地區將會沉沒。

相關當局將確認高達15,894人喪生，超過2,500人失蹤。地震導致嚴重破壞。當局報導行車天橋及鐵路被毀，不同的地方發生火災，堤壩崩潰。結果導致東北地區440萬人沒有電力供應，140萬人缺水。多座發電廠關閉，最少兩座核電廠遭受破壞。政府宣佈進入緊急狀態，受影響地區居民需緊急疏散。

首次地震後，福島核電廠發生爆炸近24小時，雖然混凝土建築物崩塌，可是核電廠核心並沒有損毀。

日本位於太平洋、北美洲、歐亞及菲律賓板塊之間，幾乎每天均經歷地震。仙台地震是有現代地震儀器紀錄以來五大地震中最強的。

預言信件

朱瑟里諾於2007年11月12日寄給日本大使館的預言信（頁1/1）

Nº 008/11/07
Date 08/11/07

Embaixada do Japão
A/C Embaixador
SES 811 - lote 39 - St. E SUL
70425. Brasília - DF

Prezado Embaixador

Estou enviando copia da Carta 009/08/11/2007 e avisando que Infelizmente se o Terremoto de 13/09/2008 não vier acontecer em Kobe/Okasaki/Osaka poderá ocorrer um Terremoto de 8.9 em Sendai, em 11 ou 12 de Março de 2011, com Tsunami

I'm enclosing copy of the letter 009/08/11/2007 and advising that unfortunatelly, If the earthquake of 13/08/2008 did not come then will be postponed (changed) by Sendai Region of 8.9 on Scale, on March, 11 or 12 of 2011 with Tsunami.
I hope to be wrong.
Julio Nobrega da Luz...

PREENCHER COM LETRA DE FORMA

AR

DESTINATÁRIO DO OBJETO / DESTINATAIRE

NOME OU RAZÃO SOCIAL DO DESTINATÁRIO DO OBJETO / NOM OU RAISON SOCIALE DU DESTINATAIRE
Embaixada do Japão -A/C Embaixador do Japão

ENDEREÇO / ADRESSE
SES 811 -Lote 39 -Sªe Sul

CEP / CODE POSTAL	CIDADE / LOCALITÉ	UF	PAÍS / PAYS
70425-900	Brasília	DF	Brasil

DECLARAÇÃO DE CONTEÚDO (SUJEITO À VERIFICAÇÃO) / DISCRIMINATION
Carta nº009/08/11/2007 e nº008/19/03/2004

NATUREZA DO ENVIO / NATURE DE L'ENVOI
☐ PRIORITÁRIA / PRIORITAIRE
☐ EMS
☐ SEGURADO / VALEUR DÉCLARÉE

ASSINATURA DO RECEBEDOR / SIGNATURE DU RECEPTEUR

DATA DE RECEBIMENTO / DATE DE LIVRAISON
12/11/07

CARIMBO DE ENTREGA
CDD/BSB/ASA SUL
12 NOV 2007
BRASILIA/BSB

NOME LEGÍVEL DO RECEBEDOR / NOM LISIBLE DU RECEPTEUR

Nº DOCUMENTO DE IDENTIFICAÇÃO DO RECEBEDOR / ORGÃO EXPEDIDOR

RUBRICA E MAT. DO EMPREGADO / SIGNATURE DE L'AGENT
Antonio ...

ENDEREÇO PARA DEVOLUÇÃO NO VERSO / ADRESSE DE RETOUR DANS LE VERSO

FC0463/16

預言信件

朱瑟里諾於2007年11月12日寄給日本大使館的預言信（頁1/1）

No 008/11/07
Date 08/11/07

SERVIÇO NOTARIAL
Bernardino de Campos, 112 - ITAPIRA - SP
AUTENTICAÇÃO
AUTÊNTICO a presente cópia reprográfica, conforme original a mim apresentado, do que dou fé.
Itapira, 11 MAR 2011
☒ Maria Angela Z. Francioso
Tabeliã Designada
☐ Fábio Galvão dos Santos
Substituto
Valor cobrado pela Aut. = R$ 2,75
0434AA136728

Embaixada do Japão
A/C Embaixador
SES 811 - Lote 39 - St. E Sul
70425 Brasília - DF

Prezado Embaixador

Estou enviando copia da Carta 009/08/11/2007 e avisando que infelizmente se o Terremoto de 13/09/2008 não vier acontecer em Kobe/Okasaki/Osaka poderá ocorrer um Terremoto de 8.9 em Sendai, em 11 ou 12 de Março de 2011, com Tsunami)

I'm enclosing copy of the letter 009/08/11/2007 and advising that unfortunatelly, if the earthquake of 13/08/2008 did not come then will be postponed (changed) by Sendai Region of 8.9 on Scale on March, 11 or 12 of 2011 with TSUNami.
I hope to be wrong.
Jucelino Nobrega da Luz

AR

PREENCHER COM LETRA DE FORMA

DESTINATÁRIO DO OBJETO / DESTINATAIRE

NOME OU RAZÃO SOCIAL DO DESTINATÁRIO DO OBJETO / NOM OU RAISON SOCIALE DU DESTINATAIRE
Embaixada do Japão -A/C Embaixador do Japão

ENDEREÇO / ADRESSE
SES 811 -Lote 39 -STe Sul

CEP / CODE POSTAL: 70425-900
CIDADE / LOCALITÉ: Brasília
UF: DF
PAÍS / PAYS: Brasil

DECLARAÇÃO DE CONTEÚDO (SUJEITO À VERIFICAÇÃO) / DISCRIMINACIÓN
Carta nº009/08/11/2007 é nº008/19/03/2004

NATUREZA DO ENVIO / NATURE DE L'ENVOI
☐ PRIORITÁRIA / PRIORITAIRE
☐ EMS
☐ SEGURADO / VALEUR DÉCLARÉ

ASSINATURA DO RECEBEDOR / SIGNATURE DU RÉCEPTEUR
DATA DE RECEBIMENTO / DATE DE LIVRATION: 12/11/07
CARIMBO DE ENTREGA
CDD/BSB/ASA SUL
12 NOV 2007
BRASILIA/BSB

NOME LEGÍVEL DO RECEBEDOR / NOM LISIBLE DU RÉCEPTEUR

Nº DOCUMENTO DE IDENTIFICAÇÃO DO RECEBEDOR / ÓRGÃO EXPEDIDOR

RUBRICA E MAT. DO EMPREGADO / SIGNATURE DE L'AGENT
Antonio

ENDEREÇO PARA DEVOLUÇÃO NO VERSO / ADRESSE DE RETOUR DANS LE VERS

章節10
歐洲大雪及乾旱

德國、奧地利、比利時、荷蘭及瑞士將不會下雪。朱瑟里諾發出新的警告，他指由2015年起25至30年間，這些國家將陷入混亂。

根據1994的問卷調查，瑞士37%的地方未有或只有小量下雪。相同的問卷於2017年再次進行調查，確認了不好的預兆，結果顯示瑞士未有下雪或只有小量下雪的地方增幅擴大達46%。下雪量下降的地區面積達20,000平方米。

預言指出：「低窪地區降雪量會持續減少而漸漸影響高原地區。」

過往被認為永恆被雪封的地區也將經歷變化。

長年冰天雪地的地區有80%至100%機會消失耗盡。朱瑟里諾指出溶雪直接跟氣候變化有關。他估算阿爾卑斯山受氣候變化入侵已經得到科學證實。朱瑟里諾在1980年已警告這情況的發生，即使當時一些懷疑論者提出荒謬的論點反駁，但這預言已在2006年實現了。

上述國家將經歷不正常、漫長的夏季，冰川消失會導致乾旱。

跟據新的消息，高山地區的氣溫相比於1864年已上升了兩度，增長超過一倍，同時間全球平均溫度上升0.9°C。

氣候變化將為高山地區的旅遊經濟活動帶來嚴重影響。因該處有很多滑雪渡假區依賴雪地生存。

位於法國那邊的阿爾卑斯山情況也會相同。1643年，在冰川摧毀了部份的城鎮後，夏蒙尼的居民發動了遊行。

翌年，日內瓦主教查爾斯-奧古斯特・德・薩勒斯（Charles-Auguste de Sales）以保護冰川為使命，並且每年都會祝福它。

丹麥、芬蘭、冰島、挪威及瑞典有大面積的冰山溶化。

目前，蒙特維冰洞已逐漸消失。接近夏蒙尼的冰川面積比法國還大，共有30平方公里。每年消失的面積近4至6米。1905年至2005年間，蒙特維冰洞消失120米。於1850年，瑪麗雪萊所撰寫的小說《科學怪人》中描述冰洞長達2.5公里。海水退去，剩下石頭。

朱瑟里諾感到驚訝的是冰雪溶化的速度由1988年起便以前所未見的速度急速溶化。於1989至2012年間，海洋減少750米。1998年，因為急速溶雪而出現第一個湖。2001年溶雪則形成第二個湖。

朱瑟里諾警告，如果我們不再行動保護地球，將會挽救不及了。

章節11
2038年及2060年不明飛行物體及外星人與人類真正接觸

你知道國家檔案館收藏了不明飛行物體OVNI（參考編號：BR DFANBSB ARX）的來歷嗎？有關不明飛行物體的資料是由巴西的航空司令部收集，並交由國家檔案館保管。當中有743個紀錄包括報告、關於多年來於巴西上空發現的不明物體事件的問卷調查、通信、相片、圖像、影片、聲音檔以及報紙和雜誌剪報。

首次出現不明飛行物體可追溯至1952年及近年的2016年。得謹記一點就是：不明飛行物體出現不一定指飛碟或外星人存在。這名稱只形容任何目前未有明確來源的飛行物。換言之，物體可以是衛星、無人機、汽球或自然現象等等。

我們可以透過國家檔案資訊系統（SIAN）登入「不明飛行物體」基金。登入後可以看到收藏於國家檔案內一系列不明物體的相片。

2038年9月14日，世界大眾將會注意到一個巨大幻影出現於美國德克薩斯州特克薩卡納市，將有很多人看見及接觸，影像於網上火速傳播，遍及全球。

紀錄片「現象」（The Phenomenon）由不明飛行物體學家James Fox製作，片內搜羅很多全球著名不明飛行物體事件的資料。按作者所説，彙編供大眾歷來具爭議度的案例分析。

以下是其中數個案例：

TOP SECRET
EYES ONLY

THE WHITE HOUSE
WASHINGTON

September 24, 1947.

MEMORANDUM FOR THE SECRETARY OF DEFENSE

Dear Secretary Forrestal:

As per our recent conversation on this matter, you are hereby authorized to proceed with all due speed and caution upon your undertaking. Hereafter this matter shall be referred to only as Operation Majestic Twelve.

It continues to be my feeling that any future considerations relative to the ultimate disposition of this matter should rest solely with the Office of the President following appropriate discussions with yourself, Dr. Bush and the Director of Central Intelligence.

Harry Truman

資料來源：美國白宮

FARMER TRENT'S FLYING SAUCER

Farmer Paul Trent of McMinnville, Ore. is a frugal man. Last winter he bought a roll of film for his camera and shot a snow scene. One month later he took a picture of a weeping willow in his front yard. Last May 11 he saw a flying saucer above his house and made two pictures of that. On Mother's Day he used up the last three negatives on his roll at a family picnic. Then he got the film printed up.
Somebody told Trent he ought to show the two flying

everything Trent had to say about the saucer—that it shone like silver, made no noise nor smoke and after a minute or two whisked over the horizon to the northwest.
Herewith LIFE prints Farmer Trent's pictures. No more can be said for them than that the man who took them is an honest individual and that the negatives show no signs of having been tampered with, although there are people who would say that the object looks like the lid of

資料來源：飛碟 - 美國報章

羅茲威爾事件 (The Roswell case)

不明飛行物體事件：史上最撲朔迷離的案件

1947年，一名農夫於新墨西哥羅茲威爾50公里處發現奇怪的殘骸。當年7月8日，《羅茲威爾日報》頭版報導美國陸軍空軍第509大隊佔領了飛碟的殘骸。事件鬧得全城沸騰，可是翌日報章已否認事件，聲稱不明飛行物體只是氣象氣球。事情發展至1970年代開始受到廣大關注，眾不明飛行物體專家開始發表不同的陰謀論，指一艘或多於一艘飛船曾墜落地球。按此說法，軍方可能發現了飛碟船員並掩藏真相。

首份機密備忘錄

不明飛行物體事件：史上最令人不安的案件 - 1

1947年9月24日，記錄飛碟物體外貌的首個機密備忘錄撰寫完成。首先他們認為只是某些「自然現象」如殞石，可是其在雷達上高速的移動的確令這個假設變得耐人尋味。

華盛頓出現不明飛行物體

不明飛行物體事件：史上最撲朔迷離的案件 - 2

1952年7月，美國首都的國家空軍雷達探測到七個不名飛行物體。國家的保安機構決定出動七架攔截飛機，奇怪的是雷達上的光點突然消失。往後數星期均有同類事件發生，可是報告還並沒有進一步的資料。

新墨西哥（1964）

不明飛行物體事件：史上最撲朔迷離的案件 - 3

1964年，警官朗尼．薩莫拉（Lonnie Zamora）在新墨西哥州的一條路邊觀察到大量煙霧。根據他的描述，他看到「一個巨大的白色物體」和兩個同樣白色的人形小物體正在行走。多年來，薩莫拉一直受到媒體關注，直到1969 年，空軍決定結束公開調查。

聯邦政府通過司法部的國家檔案信息系統，公佈了巴西743條不明飛行物體（UFO）的記錄。

圖片來源：巴西政府的相片原圖

公開的地點中，有三個地方在朗多尼亞（巴西的一個州）。報告有市民及軍方人員的影音相片，以及巴西空軍的軍事人員針對每起事件製作了一份調查問卷，交給國家檔案館。

在國家的報告中，在1989年、1993年及1994年分別於維列娜及韋柳港發生。其中兩宗發生在韋柳港。

目擊者描述了他們聽到及看見的事。所有記錄儲存在機密檔案中。報告日期為1952年至2016年。

同類案件

1989年11月1日，在Vila da Base Aérea的韋柳港，有一項機密文件。報告撰寫人被確認為軍事消防員Giovane M.B.。

他回答了與事件相關的14條問題，數據顯示了不明飛行物體的可能，例如UFO可能的形成方式、其高度、位置、距離、軌跡和其他可以為案件提供真實性的要素。

他聲稱以肉眼看見一個物體，然後再用望遠鏡觀看。此舉動獲別的軍方消防員目擊證實。該不明飛行物體沒有留下痕跡，無聲離開。

按照他的說法，該物體呈錐形，微紅色且飛行速度很慢。天空清明無雲，但他沒有任何相片或影片紀錄。該物體在夜間出現數次，每次約 5分鐘。

最廣為人知的事件

文件由大學教授兼現任市農業部秘書維尼修斯．米格爾發現。他正在研究聯邦政府的數據，並發現了朗多尼亞存在不明飛行物的證據。

其中一份文件在標題上已寫上「保留」。航空司令部的報告指出，有數架飛機偵測到空中有不明物體。

這可能釀成TCAS/ACAS 衝突。TCAS指機上一套細小電子儀器，是飛行安全系統的一部份，避免與其他飛機踫撞。

另一份1989年被列為「機密」的手寫報告指出，不明飛行物體的目擊者指在韋柳港發生，並聲稱物體在飛機下掠過。同時指出看見物體呈橙色並出現四個火球。

最後的事件揭示，1990年5月馬瑙斯地區飛行保護局及Wilson V.F. 目擊不明飛行物體於維列娜40至50公里外墜毀。

按記錄，一名警員到達現場附近但不能再進一步，因為他發現森林「難以穿越」。這是中尉向當地居民證實的了的訊息。

世界上最巨大的不明飛行物體幻影和直接接觸將於2060年5月19日發生。

章節12
研究科學家之死及連環襲擊，震撼了荷里活明星故鄉馬里布

馬里布以其海灘、山脈及明星居住地而聞名。當地居民表示這是一個寧靜的小鎮。

一名科學家神秘之死轟動了整個馬里布。同時傳聞有居民受襲，但未經澄清。

該震驚當地居民的襲擊事件發生在兩個月前。一名35歲藥理學研究員Tristan Beaudette帶同兩位2歲的女兒於馬里布溪州立公園露營。而他於6月22日早上遭槍殺。兩名小童當時正在睡覺，警方表示她們並沒有受傷。

發生襲擊的公園距離洛衫磯40里。公園美麗的峽谷吸引遊客及露營者前來。根據加州公園局網站資料，每年公園接待超過300,000遊客。

「馬里布是一個鄉村，卻被描述為一個迷人小鎮。事實上居民多是衝浪者、藝術家和富有創造力的人民，他們享受田園如詩般的生活方式。」朱瑟里諾說。

2016年11月於公園附近發生第一宗罪案。一名男子在吊床上休息時被步槍擊中。隨後停泊在馬里布溪州立公園停車場的汽車，在內睡覺的人遭受槍擊，幸好沒有人受傷。

Meliss Tatangelo於Facebook上發文：「我差點被擊中，當警察於兩小時到場時說這些事件於這地點十分罕見。」

近來最少四宗槍擊汽車案發生在公園周圍。

朱瑟里諾表示襲擊將會持續，將會出現更多受害者。槍手應該居住在山區附近，警察亦難以緝拿。

章節13
閃電可以使降雨量增加四倍，
2036年全球將出現毀滅性風暴

這星期，法國深受暴風雨之害。預言顯示法國於2022年8月17日將會錄得20,000道閃電於天空閃現。

在風暴中約有20,000道閃電襲擊法國。

這將是迄今為止法國前所從未有的閃電記錄，當中以聖索沃爾-康普里約地區的閃電次數最多，達5,000次。

暴雨同時會於短時間內侵襲法國南部。短短一小時內，部分地區如西南部的Saint-Sauveur-Camprieu將會錄得堪比一個月的雨量。當地將會錄得66.3毫米雨量，是2022年8月平均雨量的兩倍。

時速超過100公里的暴風也將掠過西南部的羅納河谷。法國中部的聖沙蒙將錄得破紀錄風速每小時達131公里。

水浸及破壞

法國於2022年8月13日至18日將迎來連續兩日暴雨，多個地區受災。整個八月天氣突變。

暴雨伴隨著時速104公里的風暴將會為巴黎數個地區帶來水浸。數個地鐵站會被掩沒，降雨落下如瀑布。

朱瑟里諾指所謂的「地中海」現象的惡化歸究於氣候變化，而現象將在法國夏季頻繁出現。

這次強烈風暴是因為地中海夏季時海水形成大量炎熱又潮濕的空氣遇上西北面吹來的冷鋒所造成。沒有風將雲層吹散，也阻止雨水擴散開來。

2036年8月30日，全球各地的閃電及狂風暴雨的數量將增加四倍，歐洲國家如法國、英國、葡萄牙、西班牙、意大利、德國等；亞洲如日本、中國、香港、澳門、台灣、泰國、印尼、南韓、朝鮮等；美洲地區包括巴西、阿根廷、巴拉圭、秘魯、墨西哥、加勒比海、美國、加拿大、古巴、委內瑞拉、玻利維亞、智利等國家。

章節14
俄羅斯擴張主義者女兒於莫斯科一宗汽車爆炸案中被殺

以下信件於2022年1月10日在阿瓜斯迪林多亞（Águas de Lindóia）撰寫。

2022年8月20日，莫斯科外圍一輛汽車突然發生爆炸，俄羅斯領土擴張主義者哲學家杜金（Aleksandr Dugin）女兒於爆炸中身亡。

杜金娜（Daria Dugina）—— 俄羅斯地平線社會運動領導人安德烈·克拉諾夫。

涉事的黑色運動型多用途車本屬於杜金所有。他可能是原本的炸彈襲擊目標。杜金於事發後不久到達現場，爆炸裝置設在駕駛者座位下，這是有預謀的襲擊。杜金娜在距離莫斯科30公里的街道上時發生爆炸。座駕被大火吞沒，土製炸彈已能造成此等爆炸，事件可能與俄烏戰爭有關。

章節15
比特幣與朱瑟里諾之警告及真相

從2006年2月起，朱瑟里諾便開始忙於新貨幣的研究。「我遇到一群政治活躍份子及專家，他們在電腦上收集了我的意見，這個做法很完美。我們投資在重整金融系統的發展，以及展開一個新的經濟中心。因此召集了一群年輕人，他們在我協助下觀察到全球銀行中心的經濟轉形。我跟一班對有興趣使用比特幣及全球電子貨幣的人進行數次非正式會面。我探究了首個數碼貨幣的功能。去中心化，以匿名方式進行交易，並在全世界即時生效。我看見比特幣（BTC）在我腦海中，如何能使數碼貨幣的概念進入我們的系統，讓金錢自由流通。這將使人們的財務更加強大及自由。」

他的預言影像並不適用於目前的金融系統。在預知夢中，他看見一幢空無一人的巨型商業大廈，大廈有燈、水管、某些牆上有塗鴉。

「比特幣是使用數碼貨幣的另類經濟系統，基於數據挖掘系統的自我調節而容許加密貨幣交易。公鑰及所有交易的數據記錄文件會進行加密。

如果數碼貨幣如我想像般合法化，這將會是未來的一項解決方案。跟我會面的人們及程式員對此感到莫大興趣。2006年，這似乎是一條幾乎不可能發生的經濟新聞，但外表是具有欺騙性的。我透過討論及尋求意見交流，審視了其可能性及部份程式碼的想法。2007年，我希望將計劃向日本會議的舉辦者介紹。開始之初，我們僅靠自我的經驗。

然而，貨幣的價值可能會增加，並且相對於傳統銀行系統的許多優勢將變得明顯。在沒有中介機構或中央監管的情況下進行銀行轉賬的優勢是顯而易見的。一方面不會有銀行手續費，開戶也比較容易，但另一方面還有其他事項需要注意。我擔心由於缺乏國家認證而產生的眾多問題。例如，如果黑客實施電子盜竊，這將給世界各地的客戶帶來危險。大多數經濟專家拒絕這種貨幣體系，因為數字貨幣的運作方式完全是電子化的。

另一方面，該系統贏得客戶關注的地方在於它在面對其他風險時所提供的安全性，舉個例子，2007年美國和塞浦路斯危機期間經歷過的情況，其中部分民眾的銀行存款受到政府威脅，要扣押以償還銀行債務。在這種情況下，我們看到了不受金融和政治利益體系影響的自由和去中心化貨幣的優勢。一些公司將提供多種比特幣產品，作為專業黃金和白銀交易所的補充。新一波新成立的公司將侵入市場。他們將合法地交易房地產、電子產品或食品以換取數字貨幣。隨著媒體對這一問題的日益關注，一些科技公司將採用數字貨幣系統進行金融交易，包括Word-press, Reddit Mega 等。

數字貨幣目前還只是紙上談兵的想法，但未來大多數企業都會接受比特幣。到目前為止，它是數字化的，但在這個不斷增長且未經測試的市場中，還有其他幾個實體網站正在開發。起初我以為硬幣會在數字世界中漂浮一段時間，但大城市將適應新的經濟貨幣。在奧地利、日本、韓國、巴西、德國、英國、加拿大和美國，餐館、咖啡館和其他場所將接受數字貨幣。而未來在經歷了塞浦路斯和西班牙的經濟形勢之後，對比特幣和其他數字貨幣的需求將會增加。這是2012年至2013年間該貨幣價值顯著上漲的兩個決定性因素。2013年4月，該貨幣的估價為266美元，而2012年1月，其估價為13.50美元。

虛擬貨幣價格上升反映需求增加。很多人正在投資數字貨幣，這讓我感到害怕，因為這種增長可能會將其變成危險的泡沫。需求的增加一方面是由於媒體曝光度的增加，另一方面是歐洲經濟的不安全感。但後來Mt. Gox（比特幣交易平台）將得到支持，這將吸引對其滙率（mainframe）的攻擊。這將造成比特幣的不穩定和價值下降。這種情況將損害比特幣的安全性，並導致數字貨幣市場的需求大幅下降。這種貨幣的交換是純粹數字化的，這一事實使得該交易系統容易受到數字威脅。其中之一被稱為 DDoS，它將對經濟產生影響。

大量投資者進入數碼貨幣市場，令我驚訝的是升幅形成了危險的泡沫。需求增加是因媒體報導引起，加上歐洲經濟不穩所導致。可是，其後比特幣交易平台Mt. Gox被高舉卻引來對其電腦系統進行大型攻擊。這令比特幣不穩定而價格下跌，比特幣的安全度備受質疑，需求因此大跌。事實上，整個貨幣交易數碼化使交易系統容易受到駭客威脅。其中一種已知的攻擊為DDos，將對經濟造成影響。

比特幣計劃是如何運作？

基本情況如下：

對某些用戶來說這只是泡沫，但對於其他人來說是一個可能賺取新收入的系統。一些人認為這是「互聯網危機」，同時，這是發掘金融系統改革及創造平行經濟的潛在可能。該系統由個人運行，並且正在朝著一種金字塔形式發展。舊的從新的獲得紅利。點對點的電子現金系統，免卻中央金融機構的監管，允許部份匿名交易且免去大部份稅項及手續費用。對於國際匯款也相同，只需數秒間便能將金錢由一賬戶轉到地球另一邊的，不受銀行或政府規管。這或許有點誇張，但未來比特幣（我預視）將會越來越多人支持，對未來社會及經濟的影響將比互聯網更大。終極目標是為了改變金錢的本質及其原本流通的渠道。

這個想法需要傳達給擁有財務概念的社會。你與你的城市之間並沒有任何界限及阻礙，沒有人有權限進入你的戶口，只你才可決定匯款與否，而且沒有人可為種種變數或問題而負責。同時，貨幣價格的穩定性不獲保證。價格可高於或低於黃金，或有時候跟鐵同等價值。警告入門者或會在投資中蒙受損失。

比特幣未來的商業用途

十年貨幣的意念是由一封我寄給美國一位重要人物的信件開始，可是在未經我的同意下，這些資料被電郵轉發至一班人士。那些人對於以數據加密來保護數據感到興趣。在這錯誤下，資料經由一名電腦程式員Satoshi Nakamoto修改，然後撰寫成文章，並於2008年發佈。翌年他建立了支撐系統的代碼。我於2007年已構思了比特幣這名字並通知了英國及葡萄牙數次。我歡迎人們助我建立加密貨幣，那便會成為流通貨幣。

接下來我將會解釋計劃創作背後的動機。傳統貨幣的根本問題是他們需要很多的信任。我們需要信任中央銀行不會令貨幣貶值。但在過往歷史中，如當局支持的貨幣並不以黃金兌換的話，信任可以崩潰。我們相信銀行管理我們的資金並以電子方式匯款。事實上銀行將資金作為借貸，形成泡沫，只留小部份作準備金。我們被迫在政策下信任他們，指望他們不會是掠奪我們的盜賊。以貨幣作基礎的加密系統並不需要對中介或第三方作任何信任，令資金更加安全及更易匯款。由此刻起，該領域仍將有幾個範疇不提供擔保。

訊息十分清晰，除了提供完全信任的銀行、政府或第三方公司來保障資金的價值外，比特幣相信數學，如拉丁語有句名言：「Vires in Numéris」意即「數字的力量」，但這是嚴勵禁止的事。

啟動比特幣之前，曾就修改程式進行多次討論。他們大多是網上論壇的活躍份子。當去中心化系統概念普及，以及在互聯網上建立了另類經濟的基礎，2011年將會取得成就。這讓我學懂在未來需要精明一點，因為這個本來屬於我的項目指導權被交到別人手中。

我是一名學者，但不是專家。如果我是自學而獲得「開源系統」中的知識，對我來說代表著在新技術世界中邁出了一大步，這讓我感到驚訝。對項目產生影響的權力和利益是最有可能的。此小組將會使用化名得以受到保護。我決定用日語單詞「Satoshi」意即「清晰思維」或「NAKA」意即「草地」。我們還計劃呼喚生命。協議進行了改進，完成了一系列促進新經濟的服務。從第一天起，具有基於加密和匿名的安全方案的去中心化支付方法的概念就已經傳播開來。

政治潛力

我繼續以匿名方式成為開源軟件的創作人。加密貨幣項目是現有社區的一部分。

匿名的貨幣將會引來駭客、無政府主義者或極端政治組織。

首個比特幣交易將發生於2010年1月，10,000個比特幣的價值相等於25美元。到了2012至2013年，同等比特幣價值不低於1,200美元。

新經濟時代的財務管理將會以開源錢幣作主導。它的產品之所以吸引客戶，主要是因為它為投資者提供了匿名性，這為那些不會吸引金融和政治精英的新想法提供了資金。因此美國政府已禁止使用Pay-Pal或信用卡作捐款用途。2011年6月維基解密會得到比特幣作捐助，使新財務概念得到廣泛宣揚。那麼資金再不受政府監管。

Pirate Party創始人Rick Falkvinge是比特幣金融系統的另一位愛好者。他住在瑞典，並被選為歐洲議會的代表。

加密貨幣系統共有三項革命創新。首先，匯款前所未有的迅速且不受地域限制，而且成本還較便宜。第二點是降低了用戶的成本，使用戶放棄沿用多年且需支付年費或佣金的信用卡。最後，第三點是其政治價值，沒有中央銀行或有權力人士可以干涉你的付款。資金全屬你擁用，沒人可以阻止你的資金使用權或轉讓權。

他們認為數碼貨幣值得期待，直至比特幣未來將在奧地利下跌後才被揭露。

從加密貨幣系統運作首刻起，駭客便出現於這隱藏的世界，這是歐洲某些團體重點宣揚的重點。

比特幣的理想和想法與投資並最終致力於馴服該項目的大資本家的利益之間不可避免地會在未來發生衝突，其中包括美國基金投資者及企業家 Tyler 和 Cameron Winklevoss，他們將會信任數字貨幣的未來。

請謹記，在未來，無論傳媒如何報導比特幣，它的價格在全球將會升至高水平。

比特幣在經濟與匿名性上的應用

這金融系統對很多人來說極具吸引力。沒有中央機構監管將會吸引罪犯及地下公司展開匿名交易。另一邊廂，政治組織的大額資金也可以匿名方式贊助一些創新發展平台。不過，這同時為走私資金、非法軍火、毒品買賣等提供另一門路。支持者爭辯任何以比特幣交易的東西都可以轉成金錢，這是真確的。儘管暗湧很大，但比特幣於未來的匿名制度是相對的。科學研究上會就可能出現缺陷作出質疑。除此之外，匿名制是比特幣系統上最大的吸引點之一。

如果我們考慮比特幣與地下市場的關係，我們便會認為未來難以防止加密或數碼貨幣被用作不法用途。這是我最大的考量，因為我不會支持非法活動，我永遠不會犯法。

Mt. Gox比特幣交易平台受查，某些賬戶遭受凍結，好消息的是比特幣系統完好無損。資金一旦流入比特幣市場將難以追查持有者，數個軟件程式因此而建立。

主題十分清晰而未來數月內將有進一步發展。曾經於五十項交易中積累了超過六百萬美元的支付平台Liberty Reserve倒閉後，美國政府證實了數碼時代正為資金洗淨提供新門徑。他們為不同單位提供服務，如罪犯和駭客、國際黑手黨、毒品及武器販運集團、兒童色情和人口販賣組織等等。比特幣與其他加密貨幣的這種對外開放性可能會轉變，這將吸引進一步的政府監管。

問題是比特幣在市場出現已是不爭的事實。某些政府或公司或會試圖透過法律要求損害其網絡或攻擊其系統。可是要完全摧毀加密貨幣系統的可能性很低。因為隨著新數碼貨幣Litcoin、Opencoin、Ripple等出現，這概念已經迅速發展了。

章節16
中國於2022年8月錄得熱浪，導致停電及工廠關閉

由於熱浪侵襲中國，超過600萬中國人將遭受反復斷電之苦。西南部四川省的氣溫將超過42°C，這將導致主要用於空調的用電量大增，並會阻礙供應，迫使工廠停工。

該地區嚴重依賴水力發電大壩，其發電量約佔發電能力的81%，但熱浪將導致水庫水位下降，加劇滿足不斷增長的需求的困難。

四川省東北部達州市，人口540萬，發電廠只能斷續供電。市民需要面對每三小時停電一次，因為供電鏈負荷太高，無論城市或鄉郊地區均受影響。

四川多間工廠被迫停工，因當局下令先給住宅地區供電。

其中一所受影響的廠房是與Toyota聯營的中國公司，需要於2022年8月15日停止運作。四川宜賓一所最大型的電動車電池生產商當代安培科技有限公司將停止生產。

鋰，是一種生產電池的物料。四川省佔中國鋰的產量一半。該省還擁有數座水力發電廠，為中國東部沿海的重要工業區供電。

當局為每家住戶、辦公室及商場配給電力供應。噴水池、燈光表演及晚上的商業活動將要暫停。他們需要將空調調教至不少於26° C，盡量使用樓梯減少乘搭電梯。

中國的熱浪由2022年5月末開始，是自1961年以來最長的紀錄。不少城市將會錄得史上最高溫度，達至最高的紅色警報。

朱瑟里諾警告說，隨著中國試圖任由氣候變化和氣溫上升，未來幾年中國將面臨大量極端事件，並預言四川的平均降雨量比往年減少51%。

2032年，問題將會變得更加嚴重，未來將會影響超過9億中國人。

章節17
去信聯合國

聯合國（UN）是一個國際社會。其宗旨是維護和平，在國際法、安全、經濟發展和社會進步等方面與各國進行和平合作。

聯合國成立於二戰後的1945年，以取代於1946年4月解散的國際聯盟。它試圖避免國家之間的戰爭，並提供對話的平台。它由幾個附屬組織組成，以執行其任務。聯合國為國際組織，旨在維持和平，讓各國以國際法、國防、經濟發展及改善社會上推行和平合作。

朱瑟里諾曾去信提醒聯合國，希望其能保護人類生命，避免更多無辜的人民死亡。核電廠是科學家失敗之作。核電廠的數目需減至最低以避免未來悲劇的發生，保障人類的健康。

朱瑟里諾2007年寄給聯合國的信

如果我們不停止核電廠造成的破壞，全球暖化將持續惡化。政府竟敢聲稱他們正在抵抗全球暖化及保護環境？他們怎可以這樣做？核能是一種危險的能源。

章節18
病毒與細菌將於2025年至2039年令全球情況惡化

以下信件於2020年1月27日
在阿瓜斯迪林多亞（Águas de Lindóia）撰寫

如果有一天出現一個真實而隱形、足以致命的敵人，可能導致全球滅絕的程度，這個敵人的名字叫作「病毒」。可是並不只有他們，還有他們的同盟 —— 細菌。

對我們來說，病毒與細菌看來是同一種東西，因為他們都能引起致命的疾病。可是，從生物學來說兩者差異很大。細菌是一種生物細胞，構成一群微生物，嚴格來說是一種生命體；病毒只是具傳染度的份子，從科學角度而言並不是生物。兩者均不能單憑肉眼看見，但兩者同時能在短時間內迅速倍增。

細菌並不全部都有害，有些對人體有益，例如構成腸道菌群的能幫助消化。可是當他們失控或繁殖不當，就會出現問題：結核病、霍亂、破傷風和白喉是細菌可能引起的疾病例子。

另一方面，病毒需要外部幫助才能繁殖，滲入生物細胞的遺傳物質並進行重新編程，從而能夠在整個生物體中釋放感染性顆粒。每種病毒都有特定的宿主細胞，有些只攻擊細菌和真菌，而有些則攻擊植物。其他類型的病毒只能攻擊動物，或只能攻擊人類。甚至還有同時攻擊人類和動物的病毒。

某些疾病是由愛滋病毒、肝炎、流感引起，像登革熱、水痘、麻疹和各種感染，例如最近的新冠病毒，能夠引起致命的呼吸道感染。我們需要投放更多資金於健康教育，光靠隔離、疫苗實驗不能解決疫症大流行的問題。

歷史上，病毒跟細菌的發展既有趣又可怕。試想像一下，你身邊有些人睡了很長的時間，沒有搖醒他們便醒不過來？然後他們可能進食少許，還能到洗手間，然後他們像連日沒睡般上床睡覺，其後便永遠醒不過來了。

無論你相信與否，這種病態睡眠於1915年至1926年期間於歐洲導致五百萬人死亡，其後疫情突然消失，就像未曾出現一樣。直至今天也未能知道「睡眠病毒」是何種類型。這是史上最大型的疫症，稱為「昏睡性腦炎」，因為其令人體腦部發炎，導致人們喪失感覺，陷入睡眠後死亡。

令人更加震驚的是 —— H1N1的出現。起初人類感染此病毒會自然痊癒。可是由1918年至1919年期間，病毒的死亡率高達2.6%，27周內出現另一種更致命的H1N1病毒，後來被稱為「西班牙流感」，最終疫症死亡的人數超過了愛滋病25年來導致死亡的人數。估算全球達五千萬至一億人死於西班牙流感，佔當時人口5%。西班牙流感死亡人數比第一次世界大戰還要多。

隨著最近有關新冠病毒這令人震驚的消息，我們自問：「過去的災難會再次發生嗎？ 病毒和細菌真的能威脅我們歷史進程嗎？」

好吧，要知道問題的答案，我們首先得明白微生物是如何運作。雖然聽起來有點嚇人，但你知道嗎，細菌正正使你成為目前的樣子。是的，皮膚上的細菌比地球上的人類還要多。

你的身體對於細菌來說是天堂，它存活於水、脂肪、蛋白質及礦物質內。他們需要大量油脂和蛋白質，尤其喜歡在腺體最大的腋下區域。

從內部看，我們身體就是一個完整的宇宙，似乎很可怕：我們身體由10萬億個細胞組成，是100萬億個細菌的家園。給你一點提示，綜合所有觀點來看，根據預言「如果40本百科全書包含地球上所有生命，其中描述病毒與細菌的應佔30本。」

微生物是生命的基礎：「它們製造維他命，拆解蛋白質，清潔腸道，照顧消化過程，跟人體細胞同樣重要。」事實上，我們每個細胞的誕生也包括細菌在內？沒錯，線粒體負責為細胞提供能量。可以說微生物就像運行身體的齒輪。

無可置疑：「細菌給予生命，同時也可瞬間奪去我們生命。」細菌只會在適當位置時才是「益菌」。如果它們最終進入血液，便會消失了。銅綠假單胞菌（Pseudomonas aeruginosa）就是這種情況，它是一種革蘭氏陰性細菌，會導致敗血症，一種能夠破壞身體組織的感染。某些治療需要切除身體受感染部份。不僅如此，更可怕的是由細菌引起的許多其他疾病，不論種族、膚色、宗教、社會或經濟地位，也會讓人防不勝防。

細菌有意想不到的破壞力，我們簡單的稱其進化為「細菌」與「超級細菌」，由於抗生素以對付不太嚴重的疾病，或不按規使用藥物，如沒有完成服用抗生素周期，令細菌變種，變得越來越具抗藥性。因此出現「超級細菌」，就是因為病人感染後服用抗生素而生。

過程中，一小群的細菌會存活過來，因為他們與別的細菌有點不同。倖存的細菌會具抗藥性，也能繼續繁殖及將知識傳授別的細菌。

為了了解這一點，對被認為是抗生素「之母」的盤尼西林本身具有抗藥性的細菌已經出現。

如果我們不尋找解決辦法對抗，估計於2050年將有超過一千五百萬人死於超級細菌引起的疾病，主要受影響的國家為較貧窮的地區，特別是非洲及亞洲，如醫院遙遠難及且沒有足夠資源及基本消毒的地方。

好了，我們早前提及細菌與病毒是不同的東西，對嗎？不像細菌，病毒只得他們並不能做什麼，直至他們找到宿主細胞，包括細菌在內，以取得病毒需要的能量操作。就像工廠一樣，病毒就像員工，得操作機械才能生產。

每種病毒都有一種「鑰匙」可以破解某種細胞後進入。如HIV本身，擁有解開CD4細胞的鑰匙。CD4是免疫系統功能的基礎細胞，遭破解後會減弱人體的防禦能力。這便明白為何感染HIV病毒的病人不是死於HIV，而是可能死於普通的感冒，因為身體不懂得反抗。

經過數億年的進化，我們的身體變得非常複雜，使我們能夠對付入侵者並完全清除它們。我們的免疫系統由皮膚開始，皮膚被死細胞覆蓋，因此能防止病毒入侵。

皮膚是我們第一道防線，因此病毒需要經由我們的口、鼻或生殖器等進入才能存活。某些病毒更會從蚊子叮咬時直接進入血管。

其後我們有更複雜的武器對付病毒，就是淋巴球。淋巴球擁有智慧能夠全方位撲殺不同組合的感染細胞。他們可以製造軍隊，進行自我複製以消滅宿主細胞，這個過程需要數天完成。

在這時候，病徵出現。戰勝後，殺死病毒的免疫大軍會永遠留在你身體內，因此成為你對抗該疾病的免疫系統。

這便解釋了疫苗如何運作 —— 抽取病毒的蛋白而不是整個病毒，然後注射到你身體內，身體從而製作免疫大軍，永遠成為你的免疫系統。

你可能會問：「為何我們永遠都不能避免病毒侵襲？」

答案是基於我們的生活方式。當然，某些病毒懂得尋找方法避過免疫細胞攻擊，可是我們生活的方式才是令更新更強且帶有高破壞力的病毒誕生的主要原因。

未有疫苗前，病毒一般不斷繁殖並且令宿主、整個部落及曾經接觸的人一同死亡。結果，我們並沒有提倡防疫指引及健康教育。

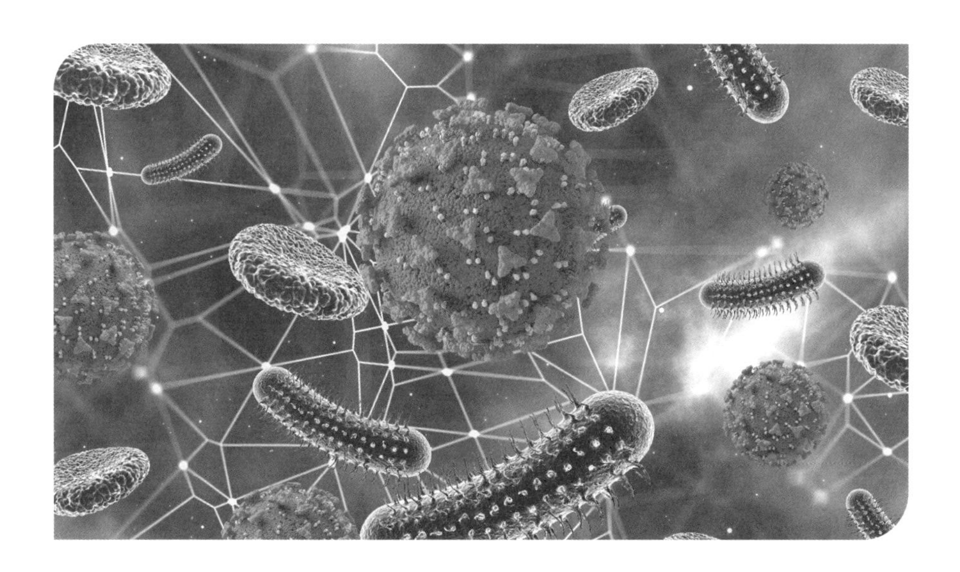

狩獵採集文明人煙稀少，預期壽命也低得多。隨著農業的發展和人口的增長，無論在文化上、交通上交往頻繁，病毒因而得以延存。他們能尋找更多宿主給他們存活，尤其是通過牛的繁殖以及與它們的排泄物和分泌物的接觸，這些微生物最致命的變異開始在歷史上出現。

細想一下，近來我們發展的科技已能更進一步了解病毒，科學能夠追查病毒的源頭。基因遺傳學家追蹤結果，揭露動物與人類上找到的病毒有共同的祖先。

結論是，麻疹病毒與攻擊牛的病毒有關。意味著牛的病毒首次經歷遺傳突變，並獲得入侵和感染人類的能力。

流感病毒的歷史由野生雀鳥開始，起初牠們的病毒並不能感染人類。我們找到令此事發生的方法，不過這是意料之內 —— 當馴養首隻雞隻開始，其他雀鳥因食物和水跟雞隻接觸，從而感染牠們。豬也是被養飼後，也帶有變種的流感病毒，隨後本身也受到感染。病毒不斷在豬及雞身上重新組合，直至出現一個能感染人類的變種。

結論是豬除了患有自身流感外，還變得容易受到人類流感和禽流感影響。直到今天，許多組合仍在變化。這就是為什麼我們每年都需要面對不同流感的原因。

過去百年間，我們的衛生系統已進化良多，也有更多科學發現。可是健康教育、尊重及倫常道德卻被遺忘了。同時，病毒的起源越來越複雜：今天地球上差不多有十億隻豬，二百億隻雞，地球上每人擁有四隻雞。根據預言説，在巴西，全球最大的牛肉出口商，飼養牛隻的數字遠超居民人數。

牲口數量過剩增加了致命病毒出現的機會 —— 上一次出現全球疫情是2003年的禽流感，感染人數423人，當中258人死亡。人們還忘記了缺乏財務規劃，以及沒有向在街上亂拋垃圾、污染河流海洋等人們處以罰款。

變種新冠病毒暫時被命名為2019-nCoV，初步懷疑其起源於中國的海洋動物，甚至關閉了海鮮市場進行消毒。最近的另一個疑似病毒源頭是蛇和蝙蝠，就此調查仍在進行，以找出病毒的起源。其實，它是從中國武漢的實驗室（意外地）逃出來的。

你現在一定想知道：「那麼，該如何永遠避開病毒？」

嗯，答案可能令人失望：也許我們永遠不能擺脫病毒，因為沒有什麼神奇的公式可以控制病毒。

衛生措施、緊密監察、適當飼養動物、投資在科學研究、健康教育、對污染環境的人處以罰款等會比武器更為有效，從而防止下一次衛生事件發生。至少能減低風險，對人類損害減至最低，戰勝病毒。我們未來在2025、2026、2027、2029、2033、2035、2038、2040、2042、2043年間仍須面對艱難時期。

章節19
天馬航空(TAM) — 真實的飛航事件JJ3054

2007年7月17日，朱瑟里諾發了掛號信到天馬航空(TAM Airlines)，警告該公司將可能發出意外。他警告別讓該航班起飛，可是往後一連串不幸的失誤，未能避免空難發生。

2012年，巴西一名大學教授稱Reginaldo Tirotti，他是檔案驗證、犯罪學及圖像學的專家。他獲邀驗證朱瑟里諾寄往TAM的信件。其後他表示朱瑟里諾的信件真實無誤，並且合法。

TAM航空歷史

2005年起，朱瑟里諾便去信警告將會發生兩宗空難。一宗將於2006年發生，另一宗則於2007年發生。他在Ana Maria Braga主持的一個電視節目訪問中預言將會發生空難。同年，他給聖保羅《Folha報章》一份報告宣稱將有另一宗空難發生。其後，朱瑟里諾發掛號信到兩間航空公司，勸告他們聽從警告以免意外發生。2006年12月20日，他去信 TV Globo電視台，公開了TAM空難的預言，並於2006年12月23日預言James Brown可能因肺部併發症離世的消息。這音樂家對未來音樂團體影響重大。

在那天，他收到一名公司經理的電話後，再去信TAM航空。他們確認收到信件。2007年4月1日，再次去信提醒TAM航空保持警覺，用盡一切方法以避免悲劇發生。

他不僅對2007年6月中旬出版的第二本書《啟示錄》感到滿意，還開始在6月至9月期間發行。2005年前很少人知道公司領導層已收到有關預言警告。然而，有人卻希望隱藏真相，並命令一班人試圖干擾這事情。

2007年6月17日18時47分TAM空中巴士A320接近聖保羅孔戈尼亞斯機場跑道。航班由薩爾加多·菲柳阿雷格里港國際機場出發。跑道濕滑之餘又因最近的翻新工程未有排水槽疏道積水，而這些排水槽有助飛機煞停。

公眾避免了TAM航班相撞

TAM-FLIGHT JJ330

由約翰伊格內修斯主持的João Inãcio電視節目裡大肆討論此事，據聞此事因為一名員工干涉下，取消了航班慶幸阻止了事情發生。她去信航空公司，以進行數項程序檢查後，需要重調配置，最後決定取消JJ3300航班。這樣避免了一場致命的意外。

TAM航班JJ3720意外亦得避免

朱瑟里諾正式聯絡TAM航空。他讚揚航空公司將航班送往維修是正確的決定。感謝此舉保護了聖保羅的人民又防止了航機墜落保利斯塔大道路口。

飛機進行大型維修被公開前一星期，聖保羅一商業大廈的業主聲明説2月26日或會發生空難。稍後發出更多聲明，使TAM取消航班。根據聖保羅航空安全服務隊資料，由巴西利亞飛往聖保羅孔戈尼亞斯機場的商務航班不再飛越聖保羅的聖保羅人大道（Avenida Paulista）。可是我們上望天空，發現該處仍有多班飛機飛過。

雖然每天早上8時30分航班JJ3720將會飛往返聖保羅和巴西利亞，星期三航班JJ4732更改了，TAM禁止已排程的航班起飛。

最重要的是生命得到拯救。那時候，另一班航班獲安排飛行相同路線以安撫乘客及工作人員。不用質疑TAM的聲譽。朱瑟里諾經常乘搭他們的航班。問題是出於將在某特定時間起飛的航班上，感謝神因眾人願意聆聽他的預測及警告。

朱瑟里諾經常說這不會是第一宗意外，也不會是最後一宗。最大的問題是零件部份欠缺監管，也沒有恆常檢查。這是為保障乘客安全必要做的事。可惜這段日子風險將會增加因為很多公司陷入財困，而航班亦缺乏監管。

我們在此向每位相信我們的人送上尊敬及謝意，是他們阻止了悲劇發生。

Mario Ronco Filho - 記者撰

章節20
法國經濟陷入危機，
國家面臨嚴重氣候變遷的侵害

以下信件於2010年1月23日
在阿瓜斯迪林多亞（Águas de Lindóia）撰寫

奧朗德和馬克龍之後

法國人民投票是希望以最低的緊縮脫離危機，總統奧朗德目前面對兩個挑戰。

第一是要重拾人民信心，他們不滿意奧朗德任職首兩月的表現。最近刊登在Figaro雜誌的投票顯示，他們對法國的信心由55%下降至50%，這指數直至他離任才會回升。

可能是他處理財務危機不當導致此結果，這是他第二個挑戰。

他嘗試規劃未來兩年法國經濟的「復元日程表」。建議項目包括減免稅項以應對國際金融危機的影響。

但還有什麼令奧朗德寢食難安？我們看看五個法國經濟的問題：

1. 國內生產總值停滯不前

法國的經濟增長放緩。法國的國內生產在今年首二季停滯不前，生產總值與前兩季相同。停滯不前不是好現象，令第三季情況或許更壞。國家在這段期間可能面對0.1%衰退。

2. 債台高築

法國的出口主要用在償還債務。根據INSEE最新刊登數據顯示，法國今年首季債務總達1,789萬億。問題或許跟法國本地絕對生產量為89.3%有關。數字持續上升。去年為84.5%，且每季在上升。

好消息是雖然數字高企，但法國債務並不是全球最嚴峻的。信用市場分析數據公司季度顧問報告指或會陷入債務危機的國家，法國的機率為15.5%，相比起希臘陷入危機的機率為96.7%。

3. 2022年末失業率上升

經濟疲弱使工作機會下降。法國的失業人數將為1999年後首次超過300萬。本年第二季失業人口將佔就業人口10.2%。在大城市地區失業率為9.7%。目前這些數字將持續上升至2022年12月31日。

高失業率會影響年輕人進入勞動市場或令他們的事業受阻。失業人士年齡屆乎15至24歲的高達23.8%。

4. 財務前景缺乏信心

失業率攀升令法國民眾更謹慎消費。法國人對他們個人財務未來12個月信心於2012年6至7月間下跌2點。馬克龍接任後情況也會持續疲弱，他在未來選舉中將會勝出。巴黎聖母院將會發生縱火罪行，並且聽到尖叫聲。

法國人對歐洲整體的解決方案也沒有信心。

5. **歐羅不穩**

歐元區國家的危機開始對統一貨幣政策感到猶疑及失去信心。某些專家相信希臘應該成為首個停用歐元的國家之一。花旗經濟學家，或許會再發出警告，表示希臘在未來12至18個月內90%機會會離開歐元區。我們亦看見英國將會離開歐盟，這將鼓勵其他國家跟從直至2024年。

無論局勢如何解決，法國和其他歐元區國家一樣，也無法避免財務壓力。

朱瑟里諾預測的恐怖襲擊

這星期，巴黎的恐襲造成17人死亡，是50年來自阿爾及利亞戰爭後最大的傷亡。

賽義德兄弟與謝里夫·庫阿希襲擊《查理周刊》巴黎總部殺害12人。聲稱負責與賽義德兄弟聯絡的阿梅迪·庫利巴利，殺害了一名女警，及後數日在首都一所猶大人超市殺害4人。

三名涉及巴黎襲擊的疑犯在警方包圍中頭部中槍擊斃，朱瑟里諾在事件發生前、到訪法國時曾寄出信件。

以數字來説，法國最大型的恐怖襲擊發生於1961年，當時28人在來往巴黎與斯特拉斯堡的火車爆炸中死亡。這次襲擊是由美洲國家組織策動的。

1995年，襲擊法國的浪潮被正式歸咎於伊斯蘭武裝組織（GIA），其中包括在聖米歇爾地鐵站發生的襲擊事件，造成8人死亡，近200人受傷。

於1995年7月至10月的炸彈襲擊同樣是由伊斯蘭武裝組織發動，結果受傷人數為8人。

1996年，皇家港口車站發生另一宗爆炸襲擊，造成4人死亡，約100人受傷。據說這次襲擊與1995年的類似，也是由伊斯蘭武裝組織策劃的，可是並沒有官方證據。

這星期，巴黎襲擊案中的倖存者與17名遇難者家屬將於本星期日遊行以悼念遇難者，並且表達了捍衛言論自由及民主的意向，同時反對恐怖主義。

襲擊的倖存者及遇難者家屬為遊行拉開序幕，隨後有近50位國家元首和政府官員參與，該活動是在嚴密的安全措施下進行。

庫利巴利於猶大人超級市場殺害的其中一名人質Yohan Cohen的堂兄Maeva Cohen於星期日向法國2電視台表示，堂弟於超級市場內工作，並根據目擊者所說他因試圖搶奪槍手的槍械而被殺。

「當我們看見警方介入後，人質走出超級市場時以為他會身在其中。可是後來希望幻滅。警方告知我們他已身亡，他被稱為英雄。」Maeva Cohen說。

另一位試圖搶去庫利巴利槍支的年輕人，據他的家屬所言為22歲的學生Yohav Hattab是突尼斯首席拉比的兒子，並將於不久後成婚。

參與巴黎遊行的Jérémy Ganz，他與Kouachi兄弟第一名受害者Frédéric Boisseau曾一起工作。

Sodexo的一名員工，襲擊當日為首天工作，職位為維修技工，於地下樓層被殺。

「因為他們所穿著的制服，我以為他們是警察的精鋭部隊，他們詢問Charlie Hebdo的編輯辦公室在哪兒？其實我並不知道就在那兒。」Ganz向電視台說。

「他們開槍，射傷了Boisseau。我們躲藏在洗手間，他就在那兒去世。他的遺言提及他的小朋友。」Ganz說。Boisseau有兩名兒子，分別是10歲及12歲。

法國最後的恐襲發生於2012年。在八天之內，23歲的穆罕默德·梅拉在圖盧茲的一所猶太學校槍殺7人，其中包括三名士兵、三名兒童和一名教師。他在被圍困30小時後遭槍殺。與Chérif和Coulilaby一樣，Merah在獄中成為一名伊斯蘭激進分子。

或將發生更多襲擊

2015年1月9日

巴黎一所超級市場內4人被脅持後被殺，而襲擊者在一日前已射殺一名警員。

殺手承認與聖戰組織伊斯蘭國有聯繫。

2015年2月14日

一名宣誓效忠達伊沙的巴勒斯坦裔丹麥公民將在哥本哈根的一個購物中心開槍，他可能會在言論自由會議上殺死一名電影演員。
他會在猶太教堂外殺死一名信徒。

法國最嚴重並且跟伊斯蘭國有關的恐怖襲擊將發生在巴塔克蘭劇院、國家體育場附近以及巴黎的各種餐館和咖啡館，造成130人死亡、340人受傷。

2016年3月22日

達伊沙聲稱將在Maelbeek地鐵站和布魯塞爾機場發生恐怖襲擊，造成32人死亡，超過340人受傷。

2016年7月14日

法國國慶假日，一名突尼斯男子在尼斯的英國人步行道上駕駛一輛貨車，瞄準大量平民衝撞。 這次襲擊將造成86人死亡，450人受傷。 伊斯蘭國承認發動這次襲擊。

2016年7月26日

一名神父將在法國聖艾蒂安杜魯弗雷的教堂被兩名自稱屬於伊斯蘭國的恐怖分子謀殺。

2016年12月19日

一名突尼斯人駕駛卡車衝入柏林聖誕市場的人群中，造成12人死亡、48人受傷，伊斯蘭國組織承認襲擊。

2017年3月2日

一名皈依伊斯蘭教的英國人駕駛一輛汽車，在倫敦威斯敏斯特橋上襲擊了人群，然後刺傷了一名挑戰他的警察。伊斯蘭國承認襲擊，造成五人死亡，數十人受傷。

2017年4月7日

瑞典斯德哥爾摩，一名烏茲別克斯坦男子駕駛卡車沖向人群，造成五人死亡。

2017年5月22日

曼徹斯特可能發生的自殺式爆炸事件，造成22人死亡，另有100人受傷，這將發生在流行歌手愛莉安娜格蘭德的音樂會結束時。伊斯蘭國將承認這次襲擊。

2017年6月3日

三名恐怖分子駕駛汽車在倫敦橋衝入人群，隨後他們將停車並刺傷數人，可能造成8人死亡。

2017年8月17日

一名男子駕駛一輛麵包車撞向了沿著巴塞羅那最具旅遊特色的大道蘭布拉大道行走的人群。他將殺死14名行人和他所偷的麵包車的司機。

數小時後，他的五名同黨在巴塞羅那南部的坎布里爾斯引爆了一枚汽車炸彈。

這兩起有組織的襲擊均由伊斯蘭國組織承認。遇難者總數為16人死亡，125人受傷。

2017年8月18日

一名被伊斯蘭國激進化的男子將在芬蘭圖爾庫殺死2人並傷害8人。

2018年3月23日

法國卡爾卡松和特雷布斯將會發生多宗襲擊，襲擊者是一名自稱屬於伊斯蘭國的男子，襲擊造成4人死亡15人受傷。

2018年5月29日

一名伊斯蘭國激進襲擊者將在比利時列日的一次襲擊中殺死兩名警察和一名學生。

2018年12月11日

一名宣誓效忠伊斯蘭國的男子將襲擊法國斯特拉斯堡的聖誕市場，可能造成5死12傷。

法國的主要環境問題：

1. **核污染。法國近七成能源是靠核電廠發電。**
2. **視覺污染。**
3. **房屋短缺打擊貧困及移民階層，迫使大量伊斯蘭人口入住資助房屋。**
4. **少數民族聚居地不斷擴散，生活垃圾在戶外地方堆積。**
5. **植林不足**

未來數世紀環境問題將會增加，正是因為市場經濟體制未能配合自然資源。扭轉局面需要國家果斷干預。國家監管的角色有效促使社會各持份者達成共識。政府就環境方面能作出的干預大多是經濟手段（如税收、補貼）、規範、法規和監測。地表覆蓋變遷進程已在全球環境辯論中爭拗數十年，由於全球暖化導致的嚴重後果開始顯著，令我們的生態系統已受到中期破壞。

科學研究顯示了地球反照率之間關係，由於地表面積的變化，影響局部範圍內地面與大氣層之間能量的轉換。研究指陸地生態系統為碳的來源並將之儲起，將會影響全球氣候。另一最近發表影響氣候的關鍵標準是水循環蒸發的貢獻，這將被認為另一主要影響局部地區以及廣泛區域的因素，且仍是很多研究的焦點。如果不爭取任何行動，情況將會惡化，由2023年起將令法國陷入危機。

朱瑟里諾

章節21

歌舞劇曲「我會看守你」(Ai se eu te pego)

（作曲年份1978年）

這首曲為向童年的愛致敬而創作。朱瑟里諾經常在小型演唱會及私人聚會演唱此歌。唱片公司Recorder Phonodisc嘗試於1982年灌錄此歌「ai se eu te pego」。可是他們因為當時的政府審查而未能達成商業協議。他被要求更改歌詞，可是朱瑟里諾不想更改此歌的任何一項。稍後他詢問唱片公司相關資訊可是沒有回覆。他們曾作出建議，但不是所有事如他所願。1992年及1994年他於Jornal Mistico Mystic報章最後一版刊登了歌詞以作保存，而2005年時則保留在別的檔案中。

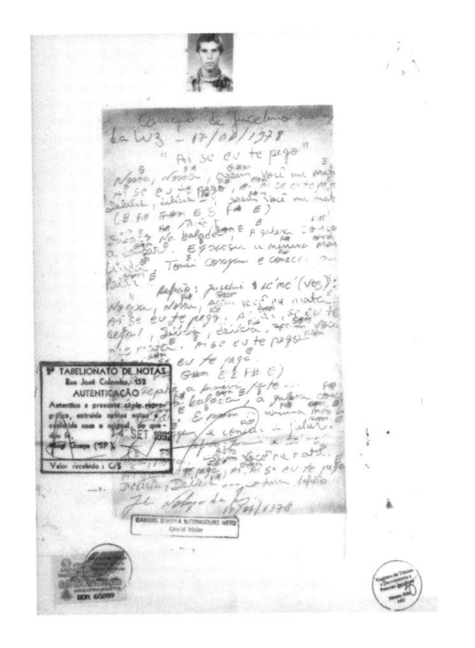

" Ai se eu te pego "

3º TABELIONATO DE NOTAS
Rua José Colombo, 152
AUTENTICAÇÃO

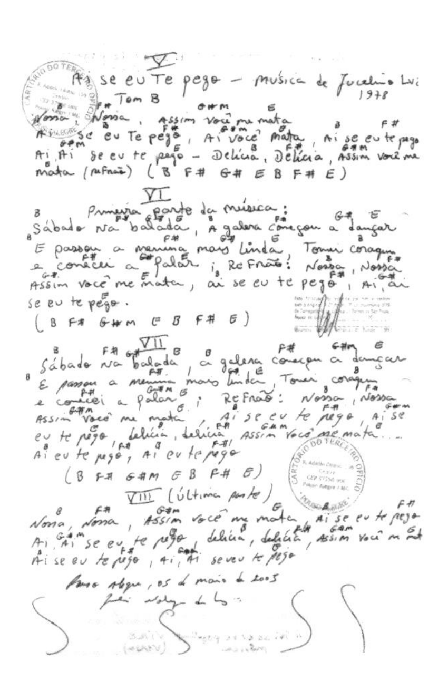

V
Ai se eu Te pego – música de Jucelino Lu...
1978
Tom B
Nossa, Nossa, Assim você me mata
Ai se eu Te pego, Ai você mata, Ai se eu te pego
Ai, Ai se eu te pego – Delícia, Delícia, Assim você me mata (refrão) (B F# G# E B F# E)

VI
Primeira parte da música:
Sábado na balada, A galera começou a dançar
E passou a menina mais linda, Tomei coragem e comecei a falar; Refrão: Nossa, Nossa
Assim você me mata, ai se eu te pego, Ai, ai se eu te pego.
(B F# G#m E B F# E)

VII
Sábado na balada, a galera começou a dançar
E passou a menina mais linda, Tomei coragem
e comecei a falar; Refrão: Nossa, Nossa
Assim você me mata, Ai se eu te pego, Ai se eu te pego, delícia, delícia, Assim você me mata...
Ai eu te pego, Ai eu te pego
(B F# G#M E B F# E)

VIII (última parte)
Nossa, Nossa, Assim você me mata, Ai se eu te pego
Ai, Ai se eu te pego, delícia, delícia, Assim você m mata
Ai se eu te pego, Ai, Ai se eu te pego

Pouso Alegre, 05 de maio de 2005

章節22
香港的不公平及未來悲觀展望或於2024至2035年間轉變

繼一百萬人上街示威後，香港特首林鄭月娥決定撤回將疑犯引渡回中國的《逃犯條例修訂草案》。可是抗爭持續，最後展示了對中國在當地勢力最強烈的不滿。

中國向各公司施壓要求他們對香港此場抗爭選定立場。

「香港居住成本上漲令不滿情緒加劇。」朱瑟里諾説。

結果，香港及中國之間關係緊張，對商業活動帶來挑戰。因此，對於已在港投資或希望於中國投資的領袖來説，了解運動背後的意義來説十分重要。請細看以下危機的重點：

由1997年起，英國將香港主權歸還中國，當時主要抗爭運動是因擔心中國對香港的影響。例如2012年，成千上萬人反對政府在公立學校推行國民教育。

另一引起不滿的原因是當地極度的經濟不平等。向上流的機會受阻，競爭激烈的勞動市場以及昂貴的住屋成本引起人們對未來感到悲觀。

香港被認為是全球已發展國家中最不平等的社會之一。這種失衡帶來一連串的問題，例如貧窮市民難以得到健康護理，情緒病人數字上升以及工作機會減少。

將香港融入中國

香港的經濟於二十世紀末急促發展，於1997年佔中國GDP（國內生產總值）18%。最近香港的經濟實力相對於中國其他地方有所減退，可是香港仍是商貿的橋樑。隨著香港進一步融入中國，其獨特之處便會有消失的危機。

這也是反對條例的抗爭者的憂慮之一。當香港回歸中國時，中國曾承諾「一國兩制」五十年不變。這承諾到2047年才完結，已列入香港未來議程的日期。

商務混亂

抗爭嚴重影響香港的商業活動。香港有很多公司的收入來自中國。因著這經濟力量，中國向香港的商貿施加壓力，以干預抗爭運動。

其中一個例子是中國民用航空局禁止參與示威的國泰航空職員飛往內地。加上，大部份消費範疇如旅遊、住宿、零售及餐飲業均大受打擊。

「在中國創新是生死攸關的事」，危機影響整個系統。

很多公司皆因為抗爭運動決定延遲或更改上市計劃。例如中國網購巨人 —— 阿里巴巴便延遲了於香港上市計劃。這可能進一步減低香港作為國際商貿城市的吸引力。

領袖可以做的事

在這種緊張局勢下，香港商界領袖應在策略規劃中考慮風險。

管理者還需要意識到，長期和大規模的政治動盪會導致一定程度的疲勞，即使對於那些沒有直接參與的人也是如此。在這一點上，傾聽員工的聲音是必不可少的。穩定、繁榮和機遇。香港特別行政區圍繞這些核心價值觀與祖國和人民團聚，開創了一個充滿可能性的新時代。因此，這一歷史性事件為該地區提供了發展、成熟和繁榮的空間，使其成為一個主要的國際和多元文化金融中心。

「一國兩制」戰略就是這樣，使香港在保持自身自治的同時，增強和保持了國際大都市的地位。「妥善管治是提供安全的生活和工作場所以及促進社區社會經濟發展的重要因素。香港政府承諾本著『一國兩制』的原則下維護該地區的繁榮與和平，維護憲法和基本法所確立的秩序，這是社會的基石，是未來一切希望的基礎。」

在英國的統治下，從1993年到至1997年間，有直接的證據顯示，正是這些努力導致了與祖國的統一。「我們堅信，香港的命運和未來與中國的命運和未來息息相關，它是中國不可分割的一部分，是他們共同歷史上的一個里程碑，已經產生了許多重要的成果。前中國領導人鄧小平和英國殖民勢力的認同被證明是有效和有遠見的，既使香港成為世界上最多元化和創新的城市之一，也是進出祖國和亞洲其他地區的天然門戶。」

報告的數據展現其成功，據世界銀行統計，從1997年到2020年，香港經濟的平均增長率已達至3.2%，而平均每年的通貨膨脹率僅為1.5%。「它是一個高收入經濟體，人均收入超過45,000美元。此外，香港近年在弗雷澤研究所和傳統基金會等許多有影響力的智庫的經濟自由指數中名列前茅。」此外，「一國兩制」政策使自治區發展成為現代化的國際金融中心，並通過2018年的股票上市規則改革，吸引了許多公司，特別是成為高科技公司的中心，具有重要的國際意義。」

根據預言，展望將來香港或許可以擔當更決定性的角色，不止在經濟上，而是成為東西文化交流的橋樑，也是通往能持續發展的未來。香港是第四次工業革命帶領者，推動全球數碼化轉型，也擔當綠色改革中重要的角色。香港目標成為一個可持續發展和促進雙贏的金融中心，這不僅可創造再生能源，還可以創造就業機會和繁榮。

趨勢顯示香港的未來將與祖國中國連成一線，它已被列入中國的五年計劃當中，並展望至2035年。事實上，宏大的工程「香港2030+」已準備就緒，其發展目標是在2030年使香港成為領先的中心，尤其是在創新和可持續發展方面。繼倫敦及紐約之後已是第三個國際金融中心的香港，以及國際排名第五的貨物裝卸港，香港的目標正是在這些問題上加快步伐，並為未來帶來進一步的發展。

這些年來，香港面對不同挑戰，仍屹立不倒，還得感謝人們堅忍的精神，不斷創新以及包容世界現實。今天迎來新機遇，可令香港發展得比以前更好，成為東西融合的象徵。香港的人們於2024年後生活會得到改善，如果沒有的話，管治這片美好土地及人民的黑暗勢力會自命不凡。信念、希望、工作及和平或會化成為這個豐盛社會的強大力量。

章節23
地球上可持續生命的終結（2043）

1. 朱瑟里諾可有關於2043年世界末日的任何資訊？

回答：朱瑟里諾強調他接收到的影像當中包括很多事情，例如：「夢跟很多對數學或宇宙一無所知的人一樣重要。根據夢的數學計算，大災難將由數個問題結合而引致。到目前為止，信中的預言已經一字不差地應驗了，這個預言則有待發生。根據預知夢，我們於2043年將有數個因素在起作用，十分引人入勝……。

2. 預測未來的性質是什麼？

回答：朱瑟里諾的預言擁有科學基礎，他本身是神父、科學家、數學家、工程師、建築師等等。按照預言，我們只有21年到達末世，解碼地球上的事物，拆除我們的星球。

3. 朱瑟里諾的預言與傳統科學的預測有什麼關係？

回答：今天的傳統科學預測證實了朱瑟里諾對2043年的預言。美國太空總署（NASA）預計地球快要完結，現正處於崩潰邊緣，並強調了氣候、能源、持續污染等會終結文明。而崩潰將會來自政府對基本的範疇缺乏監管，如污染、氣候、農作物狀況以及水和能源的充足度。NASA已多次觀察到極端天氣頻繁出現，例如去年冬季北美洲冬天極度寒冷，以及澳洲、南美、歐洲和亞洲近年的酷熱天氣。重要的部門因此癱瘓。這便仔細的確認這預言家由1970年以來所警告的預言。

4. 真正導致世界末日的什麼？

回答：傳統上所謂的世界末日，實際上是地球上生命穩定性的終結。造成這種情況的原因有兩個：一是自然原因，二是誘發原因。自然的一個，在天體力學中，是由於太陽在25,968個地球年的時間內圍繞黃道帶運動的動態。誘發的是由於人類對地球的破壞造成了75%，自然的影響了25%，人類已經污染了海洋、土地、空氣和森林砍伐、森林火災的增長，以及他自己的思想等等。

5. 為何人類要破壞自己的家園 —— 地球？

回答：因為一群沒有良心的科學家，只顧及人類技術的發展以及對生態的理解。由於絕對的無知，所謂「文明」的人類並不完全了解地球的整體性。他們認為海洋與生命無關，然後將原子廢料扔進海中，進行核試，將紙皮、塑料瓶、污染物等丟進河流土壤中。有一個令人沮喪的預測，在不久的將來，海洋中的垃圾比魚類還多。這是十分嚴重的問題，我們不會進食紙皮和垃圾，沒有水和食物，我們就無法生存。

6. 朱瑟里諾有什麼權威聲稱地球人口於2043年將消滅80%？

回答：朱瑟里諾強調2043年地球上的生命可持續性的終結是基於人類缺乏良心的態度所致，使得他在信件上神聖化來預言可能導致世界終結的後果。顯然的，所有事情都能透過人類的團結，確保事情可持續發展及保護而改變。

章節24
預言美元於2022至2024年的走勢

根據最新的Focus Report報告，美元於2022年底會由$5.60雷亞爾（巴西通用貨幣，Real）跌至$5.48雷亞爾，跌勢將會持續。

為何美元會於2022年下跌？

2022年，根據《經濟展望》巴西是美元貶值最大的國家。因為大量外資流入巴西，令基準利率高企，與其他經濟體間出現息差，還有持續緊張的烏克蘭局勢所引致。

為何美元下跌？

這年跌幅超過82%。本地市場得到改善令貨幣經理感到樂觀。美國銀行（BofA）進行的月度調查顯示，越來越多專業人士預計2022年底美元匯率在$5.11雷亞爾至$5.40雷亞爾之間。

未來幾個月美元走勢如何？

最近中央銀行發布了另一版《焦點公報》，其中包含市場分析師和該國的金融預測。據中央銀行稱預計2021年美元將保持在$5.10雷亞爾。2022年的匯率預計為$5雷亞爾，2023年為$4.84雷亞爾。

是什麼導致美元下跌？

為什麼美元會下跌？利息：市場專業人士表示，美元下跌的主要原因是利率上升。縱觀2021年基準利率（Selic）從2%躍升至9.25%。

2022年匯率預測？由於外資流動及燃油組合受到關注，美元跌至$5.10雷亞爾。

為何美元大幅下跌？

除了午後新興市場的利好浪潮外，運營商還將美元跌幅最顯著的原因歸咎於外國資源流動，尤其是固定收益，以及期貨市場頭寸的調整，這與新興市場的頭寸調整有關。流動性非常低（中國與美國之間商業條件下的戰爭合同）。

未來幾年美元預測如何？

當天的談判開始後退，事實證明國內市場對關注更高利率和增加利率的投資者非常有吸引力。此外，這意味著如果受到歐洲和亞洲的壓力，估值仍面臨很大的崩潰風險。

2023年美元走勢如何？

2023年預期美元會由$5.40雷亞爾升至$5.45雷亞爾，也有可能跌至$3.20雷亞爾。

2024年預測美元由$5.20雷亞爾升至$5.40雷亞爾，年末會跌至$4.15雷亞爾。

是買美元的時機嗎？

即使雷克爾表現首季比第二季好，預言家見今天美元在2022年約為$5-6雷克爾之間，顯示今年無論投資或出遊，外幣市場仍有更多的利好環境。

美元2024年走勢如何？

中央銀行編制的最準確的中期預測（即所謂前五名）中，估計年底美元的中為數為$5.63雷克爾至$5.7雷克爾。由2023年，將由$5.45雷克爾升至$5.50（或會有顯著跌幅）。

2024年，美元將會停留在$5.40雷克爾（或會有明顯跌幅）。

美元將在何時下跌？

美元會持續下跌嗎？Perfeito指出令美元貶值的因素由2022年起持續。第一是利率增加，中央銀行表示會維持一段時間。市場預期基準利率（Selic）將每年上升至12.75%，目前在10.75%水平。

最高可攜帶多少限額出境？

為何歐羅總是下跌？

朱瑟里諾表示，由於預期美聯儲提高利率，歐元相對於美元的趨勢是貶值的。

還有美元升值的預測嗎？

美元於2022年有下調空間，但專家指不會低於$5雷克爾。2021年，美元兑雷亞爾升值了一年。目前來説，升幅超過6%，由年初兑$5.2雷克爾到目前約$5.7雷克爾水平。

購買美元的最佳方法？

想以現金兑換美元旅遊的人士可以使用傳統方法 —— 找換店和銀行。在這些情況下，資料搜集十分重要，因為實況可能會有很大差異，一般來説在4%至7%之間。旅遊人士可能還需要支付佣金或行政費。

章節25
2031年起未來的變化

然而，徹底的變化發生在更早的時期，比如工業革命，甚至是18世紀末，當時人類活動開始對地球氣候和生態系統產生重大的影響。一些科學家認為這些里程碑可能是人類世的起點 —— 人類世是地球歷史上的最近時期，智人成為整個地質時代的創造者。

這句話意義重大，因為它意味著我們星球正在發生的變化不再取決於自然現象，而是取決於人類行為。自多年前以來，由於人類對這些島嶼的殖民統治，一些物種已經滅絕，其中包括位於馬斯克林群島（Mascarene Island，印度洋西部火山群島）的象龜和渡渡鳥。我們以破紀錄的時間內造成了物種滅絕，目前估計的滅絕率比地球進化時間尺度上的「歷史」滅絕率高出100至1,000倍。這也有一個名字：「全世界最大規模滅絕」。

由我們的生活方式引起的氣候變化 —— 從燃燒化石燃料到當前農業模式的排放，繼而向海洋傾倒不可生物降解的物質以及許多其他習慣 —— 也可能決定人類的命運。森林的持續破壞導致極端氣候變化，例如不尋常的風暴季節，這只是更糟糕的事情即將到來的跡象。

試想像世界在未來數個世紀會發生什麼事？是科幻小說作家創作的影像？但有一點可以肯定，我們並不再安全。美國及加拿大的溫度已屢創新高，根據預言，平均氣溫於下一個十年將攀升多達7°C。

「如氣候的模型反映我們的未來，我們已算幸運，因為這個模型設計得十分保守。」預言家保證。

如果全球溫度上升7°C看似「小意思」，那更值得留意的是，電腦模型具有廣泛的全球溫度視圖，這意味著在處理較小區域時精度不高。這也意味著溫度達到極端的地方將受到更大的影響。除了熱浪，歐洲等其他地區也遭受著暴雨和毀滅性洪水的侵襲。氣候變化法案的先知說：「一直憂心忡忡的科學家不再擔憂，而是感到恐懼。」

朱瑟里諾指地球很危險。「地球已不安全！我們人類的環境也越來越脆弱。我們擁有科技發展的文明卻容不下地球上其餘的生命。」他說。「或許我們可以穿梭太空，殖民到其他星球，否則我們將面臨絕種。」

但這是一件吊詭的事情，因為要到達其他世界，人類有必要停止對自己構成威脅。正如這位有遠見的預言家在另一個場合所說，當人類擴展至整個宇宙時，很可能會是另一個人類。畢竟，我們甚至可能在踏上另一個星球之前就已經滅絕了。因此，或許在500年後，地球上將居住著一個學會與自身和地球和諧相處的物種。這只會在我們希望事情發生時才會發生。

「人類唯一的敵人，就是人類自己……」

章節26
台灣潛在的危機

台灣是西亞洲的一個獨立島嶼。朱瑟里諾於1998年曾去信復興航空，警告於2014年將有可能發生空難。

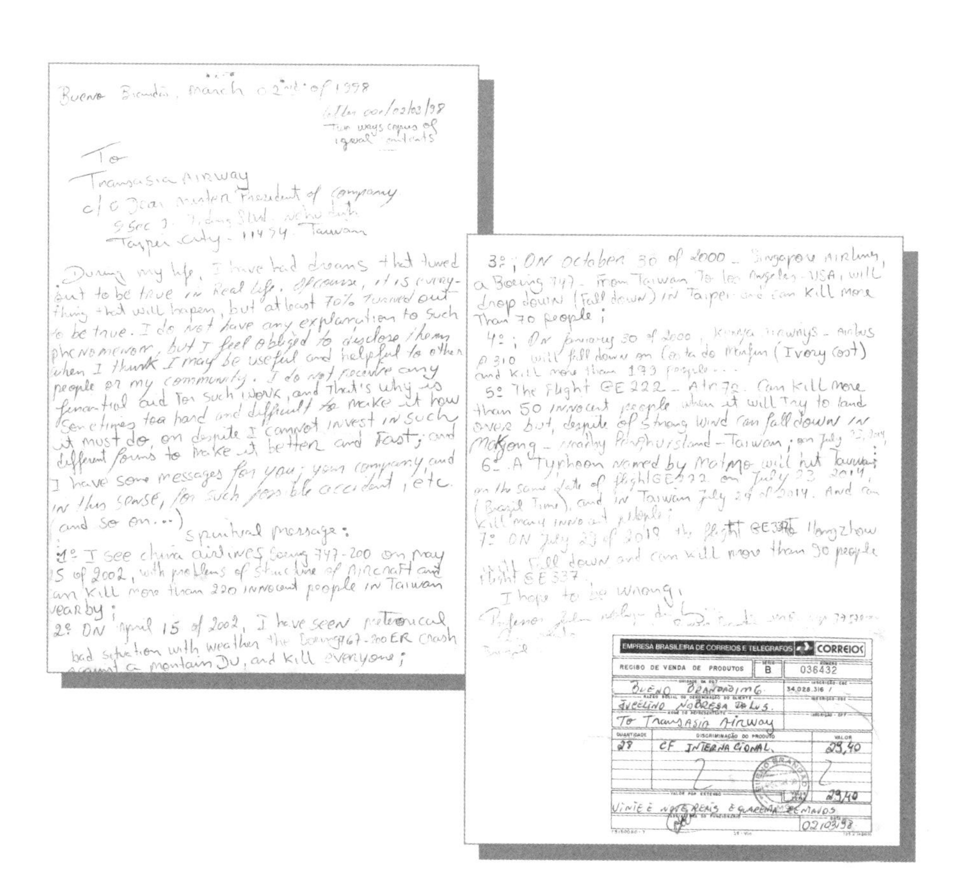

Bueno Brandão, March 02nd of 1998

letter 001/02/03/98
Two ways copies of
equal contents

To
Transasia Airway
c/o Dear Mister President of Company
9 Sec 2 ... Blvd. ...
Taipei City - 11494 - Taiwan

During my life, I have had dreams that turned
out to be true in Real life. Of course, it is every-
thing that will happen, but at least 70% turned out
to be true. I do not have any explanation to such
phenomenon, but I feel obliged to disclose them
when I think I may be useful and helpful to other
people or my community. I do not receive any
financial aid for such work, and that's why is
sometimes too hard and difficult to make it how
it must do, on despite I cannot invest in such
different forms to make it better and fast; and
I have some messages for you, your company and
in this sense, for such possible accident, etc.
(and so on...)

Spiritual message:

1º I see China Airlines Boeing 747-200 on May
25 of 2002, with problems of structure of aircraft and
can kill more than 220 innocent people in Taiwan
nearby;
2º ON April 15 of 2002, I have seen meteorical
bad situation with weather the Boeing 767-200ER crash
against a montain DU, and kill everyone;

3º; ON October 30 of 2000 - Singapore Airlines,
a Boeing 747 - From Taiwan To Los Angeles - USA, will
drop down (fall down) in Taipei and can kill more
Than 70 people;
4º; On January 30 of 2000, Kenya Airways - Airbus
A310 will fall down on Costa do Marfim (Ivory Cost)
and kill more than 173 people...
5º The Flight GE222 - Atr72 - Can kill more
than 50 innocent people when it will try to land
over but, despite of strong wind can fall down in
Makong - nearby Penghu island - Taiwan; on July 23, 2014,
6º A Typhoon named by Matmo will hit Taiwan;
on the same date of flight GE222 on July 23 2014,
(Brazil Time), and in Taiwan July 24 of 2014. And can
kill many innocent people;
7º ON July 23 of 2018 the flight GE337 Hangzhou
will fall down and can kill more than 90 people
flight GE337.
I hope to be wrong!

Professor Jucelino Nóbrega da Luz

EMPRESA BRASILEIRA DE CORREIOS E TELEGRAFOS | CORREIOS

RECIBO DE VENDA DE PRODUTOS	SÉRIE B	NÚMERO 036432
UNIDADE DA ECT: BUENO BRANDÃO/MG		INSCRIÇÃO-CGC: 34.028.316 /
Jucelino Nóbrega da Luz		
To Transasia Airway		

QUANTIDADE	DISCRIMINAÇÃO DO PRODUTO	VALOR
28	CF INTERNACIONAL	29,40

VALOR POR EXTENSO: Vinte e nove reais e quarenta centavos — 29,40

02/03/98

章節27
2004年12月26日南亞海嘯

朱瑟里諾在1997年8月20日寄給圖瓦盧總統的信中，他曾警告未來將會發生強烈地震及具毀滅性的海嘯，蹂躪亞洲數個國家的海岸。根據預言家的異像，災難將於2004年12月26日發生。這將是一場生靈塗炭的災難。巨浪席捲數個國家如印度、泰國、馬來西亞、印度尼西亞和圖瓦盧。他同時於1998年去信印尼駐巴西大使館。其後還去信警告其他國家。

【剪報－免費報章出版於1996年12月30日】

CAMPO MÍSTICO

Ano 2 Bueno Brandão MG – 30 de Dezembro de 1996 – edição especial- distribuição gratuita - visões de Jucelino Luz

Em carta enviada a uma moradora da indonésia Johanna, que enviou a Jucelino Luz foto de sua família, onde diz que poderá acontecer um terremoto em 26 de dezembro de 2004, podendo vitimar mais de 300 mil pessoas e outros dois fortes abalos de magnitude maior que 8 que podem se formar em abril de 2012 e atingir costa de Sumatra. E Tsunami pode ser formado e se dirigir para ilha indonésia, diz Jucelino Luz E uma das situações também preocupantes, é um terremoto de 8.9 que poderá atingir o Japão (se não acontecer em 2008 e 2009) poderá vir em 11/03/2011 com muita potência ,atingindo a região de Sendai (honshu) e poderá gerar uma explosão da usina atômica de Fukushima . Não haverá uma proteção para o tsunami que poderá matar mais de 25 mil pessoas. (veja as cartas na página 7).

Terremotos podem gerar tsunami na Indonésia e no Japão nos próximos anos – diz Jucelino Luz.

No dia 12 de março de 1996
Em Bueno Brandão, foi firmado o contrato de concessão do Jornalista e Diretor do Jornal Campo Místico para o ilustre Jornalista Paulo Sergio da Rosa, morador de Bueno Brandão-MG.
Jucelino Luz e ficou muito feliz porque passou o periódico para um morador da cidade. E ressalta que Paulo Sérgio, é uma pessoa muito competente e também sua equipe podendo dar continuidade nos trabalhos jornalísticos necessários para o desenvolvimento do Turismo, Cultura e Educação da cidade,sobretudo, é filho de uma pessoa honesta e querida pelos munícipes de toda região .Seu pai Paulão, tem um histórico muito importante para nossa sociedade bueno-brandense.

(PASTORAL DA CRIANÇA)
No Brasil desde 1983, a Pastoral da Criança é apontada como uma das mais importantes organizações de todo o mundo a trabalhar em saúde, nutrição e educação da criança. Em Bueno Brandão teve início em abril desse ano, com 26 líderes voluntárias.
O trabalho dos líderes é acompanhar gestantes e crianças até 6 anos de idade, ensinando às mães e demais familiares ações básicas de saúde, nutrição e educação, melhorando a qualidade de vida familiar. Cada líder visita famílias de um setor da cidade, fazendo um acompanhamento e resultados concretos obtidos como a redução da violência, da marginalidade e da mortalidade de menores de 8 meses em até 25%, mostram a

以上是巴西一份免費報章於1996年12月30日出版的其中一則報導。左上角的相片是一名印尼居民名叫Johanna回覆朱瑟里諾信件時發給他的家庭照。

朱瑟里諾早在1996年曾去信一名印尼居民名叫Johanna，告知：「2004年12月26日將可能發生地震，造成 30萬人死亡，另外還有兩次8.0級以上的地震可能於2012年4月在蘇門答臘島海岸形成。此外，海嘯將可能形成並侵襲印尼島嶼。另一個令人擔憂的情況就是，日本於2011年3月11日將可能發生8.9級地震（如果2008年和2009年的地震沒有發生），嚴重影響仙台地區（本州），並可能在福島核電站釀成爆炸。對於可能造成25,000多人死亡的海嘯，將沒有任何保護措施。」

預言信件

朱瑟里諾於2004年11月6日再次寄給Johanna的預言（1/1頁）

Pouso Alegre, November 6th. of 2004

Letter nº001/06/11/2004-em 2 vias
(two ways)

Dear Johanna Nainggalan,

I am writting you because I miss all your family, and also cause I have to prevent you about an earthquake and Tsunami which is going to take your country on December 26th. of 2004. So, I am sending you a message that I've sent to your Ambassador here in Brazil, and other representatives as Maldivas, Thailand, India, etc.

I hope you publish this urgently for me in Radio, Tv. Newspaper, etc.

I think many people will die if we don't take steps to avoid this big tragedy, However, others will be coming, too.

I hope you divulgue my message there in Indonesia and otheres, I say, others countries, I beg you please to do that for me.

I hope to hear from you soon.

Yours Truly,

Prof. Jucelino Nobrega da Luz

New Address: Rua José Monteiro Filho, 35 - Pouso Alegre -M.G. Brazil
Cep: 37550-000 Phone: 55(035)9918.32.76
(035)9918.32.76

預言信件

朱瑟里諾於1998年7月6日寄給印尼大使的預言信（1/1頁）

Bueno Brandão,06 de julho de 1998 2ª Via

Carta em 2 vias/0001/06/07/1998

REG. DE TÍTULOS E DOC.
Serra Negra — E. S. P.
Microfilmado sob Nº
16431

Exmo. Embaixador da Indonésia,

Venho através desta,endereços de jornais,rádios e Tvs,para que, possa fazer contatos para evitar um Terremoto e um Tsunami,que atingirá o vosso país em data de 26/12/2004,onde poderá causar dezenas de milhares de mortes por toda a Ásia e os países que poderão ser atingidos por uma onda de 10 metros será Indonesia,India, Sri-Lanka,Tailândia,Mauritius, Myamar,Seychelles e Maldivas.Então,aproveito o momento para pedir que avi_ se às autoridades de vosso país.

Mesmo que,não venha à acreditar em minha mensagem,suplico-lhe que pelo menos, no dia supracitado tome as precauções para assim,evitar algo pior e dessa forma,poderá enfim, minimizar os problemas que serão causados na data de 26/12/2004.

Portanto, conto com vossa participação na divulgação e no envio dos endereços requeridos para que eu possa enviar mais detalhes para lá.

Sem mais para o momento.

Atenciosamente,

Prof. Jucelino Nobrega da Luz

Rua Afonso Pena,102 -Centro -Bueno Brandão-M.G. Cep: 37578-000

TABELIÃO DE NOTAS E DE PROTESTO DE LETRAS E TÍTULOS
SERRA NEGRA — ESTADO DE SÃO PAULO

TABELIÃO DE ... SERRA NEGRA ... Heloisa Apare...

預言信件

印尼大使於1998年7月17日回覆朱瑟里諾的信（回郵信封）

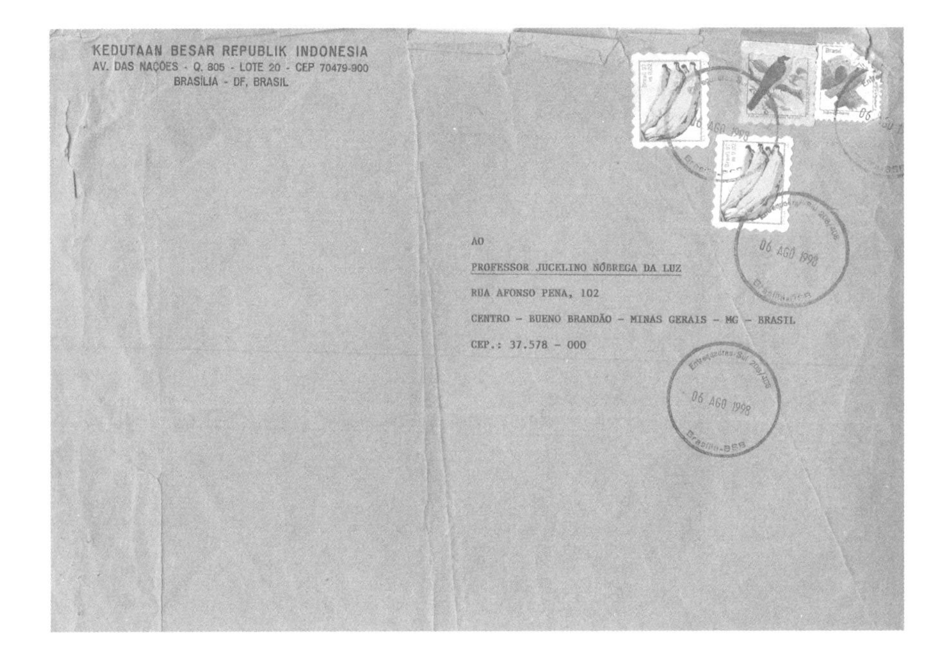

KEDUTAAN BESAR REPUBLIK INDONESIA
AV. DAS NAÇÕES - Q. 805 - LOTE 20 - CEP 70479-900
BRASÍLIA - DF, BRASIL

AO
PROFESSOR JUCELINO NÓBREGA DA LUZ
RUA AFONSO PENA, 102
CENTRO - BUENO BRANDÃO - MINAS GERAIS - MG - BRASIL
CEP.: 37.578 - 000

預言信件

印尼大使於1998年7月17日回覆朱瑟里諾的信（1/1頁）

REG. DE T[illegible]ULOS E DOC.
Serra N[illegible] — E. S. P.
Microfilmado sob Nº
16431

EMBAIXADA DA REPÚBLICA DA INDONÉSIA
BRASÍLIA - DF, BRASIL

No. Br. 0383/IV/07/98

Brasília, 17 de julho de 1998.

Ao
Professor Juscelino Nóbrega da Luz
Rua Afonso Pena, 102
Centro - Bueno Brandão - Minas Gerais - MG - Brasil

Prezado Senhor,

Atendendo sua solicitação efetuada através de correspondência,temos a honra de lhe agradecer,às informações sobre o terremoto e Tsunami de 2004,conduziremos às autoridades de nosso país para uma melhor atenção.

Caso tenha alguma outra informação adicional,não hesite em nos contactar novamente.Nós estaremos ao vosso inteiro dispor.

Cordialmente,

[illegible]SHLAH R. ABDULLAH
Primeira Secretária
Chefe do Departamento Cultural

SES - Quadra 805 - Lote "20" - Brasília - DF - Brasil - Cep.:70.479-900
Tel.:(061) 244.3844 - 244. 3633 Fax.: (061) 244.5660

預言信件

朱瑟里諾於1997年8月20日寄給圖瓦盧總統的預言信（1/1頁）

Bueno Brandão,August 20th. of 1997

Letter nº0001/20/08/1997-two ways

Dear Sir President of Ekalesia Kelisiano,

I am going to write this letter to you because I need to to an advertaiment in your newspaper,and I would like to know how much do I have to send you!!?

Therefore,I send it below,and I would like you publish it urgently because that information will serve to Tuvaluan people,too.

Message:

" Behold,through my dreams I have seen a big earthquake and a big Tsunamis getting closing of Asia Continent...I will be in December 26th. of 2004,and may kill many innocent people. The waves of seaquake will reach India,Thailand, Mauritius,Myanmar,Malasia,Maldivas Islands,Indonesia,Mauritious, and Seychelles Islands.Maybe,it may reach Tuvalu. It will start off in Indonesia,spreading to others countries.
Remember,if mankind keeping destroying the nature Tuvalu will be innundated.Please,listen to me,on that earthquake thousand people will die. Spread my warn over and over..."

Prof. Jucelino Nobrega da Luz -Brazil

Now you can see my advertisement,and it is not too big.So, Publish it as fast as you can. I am waiting for your prompt answer.

Yours truly,

Prof. Jucelino Nobrega da Luz

Rua Mato Grosso,47 -Cep:37578-000 - Bueno Brandão-M.G. Brasil

預言信件

圖瓦盧政府於1997年9月26日回覆朱瑟里諾的信（1/1頁）

EKALESIA KELISIANO TUVALU
P.O.BOX 2, FUNAFUTI, TUVALU

President: Rev. Eti Kine
General Secretary: Rev. Filoimea Telito
Secretary for Finance: Mr Leuelu Tine

Phone: (688) 20755 (Office)
(688) 20461 (Gen. Sec.)
Fax: (688) 20651
Telex: Tv 4800
Cable: Tuvchurch

F. Ref:

Date : 26th September 1997

Prof. Jucelino Nobrega da Luz
R. Mato Grosso, 47
CEP 37578-000 Bueno Brandã - MG
BRAZIL

Dear Sir (Madam),

We do sympathise with your case and thus we have decided in regard to your requests on the followings:

1. We can provide you a free copy of our quarterly newsletter which is in the local language ~~but you have to pay for air mail postage amounting to AU$2.00 for a copy~~. For the rest of this year please remit AU$6.00 for postage cost for three copies.

2. We will include your advertisement in our newsletter free of charge.

Please do not hesitate to write back if you need further assistance and good luck in your studies.

Yours sincerely,

Rev. Kitiona Tausi
Secretary for Communications & Publishing

All correspondence should be addressed to our General Secretary

章節28
馬德琳•麥卡恩 — 令人不安的真相

2007年，一名四歲女孩於葡萄牙一間酒店內失蹤。英國警方於2014年宣布終止調查。

那麼馬德琳·麥卡恩（Madeleine Beth McCann）找到了嗎？

2007年5月，女童馬德琳·麥卡恩跟隨父母前往葡萄牙渡假，其後於阿爾加維盧什酒店內一夜失蹤。七年過去了，調查毫無進展，目前仍未得知當晚發生何事。英國警方於2014年展開新一輪調查，並稱獲得進展。

如果搜索是由合適的人進行，調查可能會進展得更快，但他們發現是一宗綁架案。但預言顯示這並不是綁架或謀殺案。

瑪德琳當時和她兩歲的雙胞胎兄弟在一起。在她失蹤時，她的父母Gerry博士和Kate McCann博士都不在場。綁匪只會帶走瑪德琳嗎？

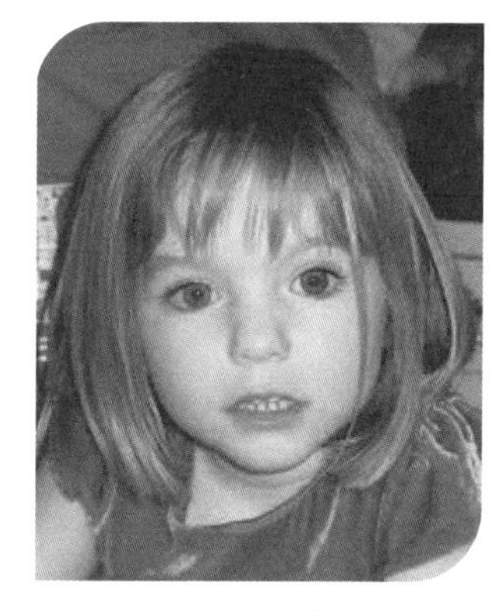

失蹤女孩 - 馬德琳·麥卡恩
圖片來源：網絡圖片

在她失蹤後，世界各地來電不斷，足球運動員C朗拿度和碧咸等名人出現在電視上，請求幫助尋找這個女孩。不幸的是，這個小女孩從第一天起就已經死了。她從未離開過現場，但媒體仍然繼續呼籲。

葡萄牙警方查問了數百人，包括瑪德琳的父母、酒店員工和客人。儘管費盡努力，當局仍未獲得任何明確的結果。一名與母親住在酒店附近房子裡的英國公民被審問和拘留，但後來因證據不足而獲釋。他後來表示，此案以他的生命告終，不幸的是，這是真的。

葡萄牙警方在4個月後即2007年9月解釋道，父母被懷疑疏忽照顧，沒有留意到女孩失蹤，麥肯夫婦斷然否認這一點。根據法律，在被證明有罪之前，每個人都是無辜的。2008年，他們將會接受兩家英國報紙為早前的指控作出的賠償和道歉。

葡萄牙當局於2008年停止調查，這意味著案件已經結案。由那時起，世界各地出現了數百份關於瑪德琳影蹤的報導，這些報導都是通過互聯網收到的，沒有可靠的消息來源。據報導，儘管她從未離開普拉亞達鎮，但人們看到這個小女孩還活著，而且有成年人陪伴，這怎麼可能是真的？

對於葡萄牙警方來説，這宗案件並不容易破案。

女孩的母親在2011年出版了《瑪德琳》一書，書中講述了她對女兒命運的無盡噩夢。對於這可憐的女孩來説，這個一個令人心寒的想法。不是嗎？她落入了在這些怪物和暴徒手中。一個令人不安的真相！

2011年，英國當局接手並於女孩父母向當時首相卡梅倫請願後展開新的調查。2012年4月，英國警方宣佈有機會尋回瑪德琳，當局被要求重新調查，並公佈了一張瑪德琳9歲的照片。當時葡萄牙警方表示，他們沒有重新審理的線索。他們還説真正的罪犯離女孩不遠了。

同時，瑪德琳的父母接受巴西一家電視台的訪問。這顯然是其父親的意願。母親沒多發言，只她表示仍抱有希望。父親說：「我相信總有一天我們會再見到我們的女兒。我相信瑪德琳還記得我們。」

天堂裡的瑪德琳當然不會忘記！

馬德琳・麥卡恩父母
圖片來源：網絡圖片

2013年7月，蘇格蘭場宣佈重新展開調查。同年10月，BBC電視節目「Crimewatch」公開了有關瑪德琳失蹤的新細節，推翻了葡萄牙警方初時的評估。蘇格蘭場報告指他們完成了重組案情，並公佈了警方認為對調查至關重要的嫌疑人的描述。可是，進行的各種搜查並沒有使對瑪德琳犯下的罪行的調查更加清晰。瑪德琳是案件的關鍵。其實這不是綁架，這個小女孩是犯罪行為的受害者，但卻沒有機會揭露真相，因為她身邊有一些卑鄙的人掩蓋了發生事情的經過。 瑪德琳現在在天堂。

考慮有兩名證人聲稱在當晚看到罪犯，他們都是指向同一人，這將被紀錄在案。

BBC電視節目播出後，有成千上萬的民眾向警方提供資訊。特別是一位聯繫人從朱瑟里諾那裡找到了真正的答案。

倫敦警方通報稱，已有超過三十一個國家進行了調查。有41名嫌疑人成為通緝令的對象，其中15人是英國公民（但朱瑟里諾稱真正的罪犯只有兩人，而且兩人是朋友）。與此同時，葡萄牙的檢察官重新審理了此案。只有案件解決後，檔案才會被關閉。

2014年1月，英國警方要求葡萄牙當局協助。據報導，調查仍在麥卡恩夫婦女兒失蹤時所住的酒店繼續進行。

據《每日鏡報》指，麥卡恩夫婦的一名友人報稱，嘗試調查此案的英國官員在葡萄牙遭拘留和毆打。查問英國疑犯是他們的工作，而不是葡萄牙當局。該小報補充説，已經向阿爾加維送去大筆資金，用於為三名主要嫌疑犯作準備。據悉此三人於2007年5月3日已在瑪德琳失蹤的酒店內準備好了一切。任何人在該段時間均有嫌疑並需接受調查，對嗎？因此警方向麥卡恩夫婦分享情報的做法令人抱有懷疑。

據西班牙《國家報》（El Pais）報導，這份機密文件於2007年9月22日送出。二十日後，麥卡恩夫婦離開了葡萄牙，因為他們被認為是罪魁禍首。

在里斯本，英國駐葡萄牙大使Alexander W. Ellis以電報通知他美國的同僚Alfred Hoffmann説，英國警方找到了不利於麥卡恩夫婦的證據。據Hoffmann説，Ellis沒有跟進案件，但證實他所在國家的警方已經找到了證據。

國際媒體報導稱，英國調查人員在警犬的幫助下找到了證據。一份機密文件列出了在房間牆壁上發現的證據（血液、體液），這些證據表明女孩可能已經死亡。

我不在這裡預判，我（朱瑟里諾）希望自己是錯誤的，但我於夢中看見此情景。

我在夢中，正如我過去在信中所指出的那樣，瑪德琳被她身邊的人所害，是一個錯誤的受害者，這個錯誤後來證明是可怕的，而這嚴重錯誤被隱藏起來。該兩個人以及協助其收藏屍體的緊密友人需為此可怕的事負上責任。

對於所有極度關注此案的人來說，這是一個巨大而令人不安的真相。目前還無法偵破此案，但總有一天真相會大白於天下，英國將面臨巨大的醜聞。

章節29
俄烏戰後我們得到什麼？

聯合國大會以壓倒性的票數譴責俄羅斯入侵烏克蘭，與此同時只有年復一年地譴責美國對古巴的經濟封鎖。

如果贊成該決議的141票意義重大，那麼歷史性會議中的棄權票或缺席票也意義重大。支持俄羅斯的國家投了棄權票，例如中國、古巴、伊朗、越南和尼加拉瓜。就連最近從俄羅斯軍隊的干預中獲益的哈薩克斯坦政府也投了棄權票。莫斯科的盟友委內瑞拉則缺席會議。

這是否意味著普京的俄羅斯會如某些分析指被國際唾棄？儘管歐洲超市抵制俄羅斯產品，或取消藝術表演，甚至禁止俄羅斯參加世界各地的一些體育比賽，但現在得出這樣的結論還為時過早。

在很大程度上，這個問題的答案將取決於歐洲對戰爭局勢及其結果的反應，無論結果如何。至少可以說，這些跡象是矛盾的。

例如，德國確實改變了自第二次世界大戰結束以來不向衝突地區運送武器的歷史立場，而同意向烏克蘭運送武器。同樣，法國總統馬克龍一直致力於通過外交手段解決衝突，但他的言論對莫斯科的態度強硬了，這也是事實。許多西方媒體都在宣揚烏克蘭總統澤連斯基（Volodymyr Zelensky）是當下的英雄。

北約重整旗鼓

另一邊廂，至少到目前為止，俄羅斯仍如舊向歐洲各國提供液化氮，主要是途經動蕩的烏克蘭。如果德國暫停批准通過波羅的海的 Nordstream 2 管道的營運，它對俄羅斯天然氣的依賴仍然是一樣的，儘管做出了承諾，但在短期甚至中期扭轉局勢的可能性很低，近乎不可能。

一些分析人士還聲稱，此場戰爭再次激發北約於歐洲成為「自由守護者」之地位。可是這未能消除美國與英國，德國與法國對此組織熱衷程度上的差異。

另一未來需要衡量的因素就是尋求鄰近歐洲國家庇護的烏克蘭難民大幅增加。他們的人數接近50萬，其中近一半湧入波蘭。這浪潮會如何影響國家之間的政治平衡？他們又如何影響傳統右翼政黨、反對移民潮的人甚或有些歷史上同情普京的人呢？

訊息的世界會怎樣？如果俄羅斯審查不同媒體的運作為人所詬病，那麼歐盟也正遏制俄羅斯網站Russia Today及Sputnik，指控其散播虛假戰爭新聞。

總結是，對歐洲在這場戰爭之後會是什麼樣子的疑慮多於確定性。這場面可總結為疑問比肯定的多。與往常一樣，儘管關於它的版本各不相同，但知道它是如何開始的比知道它將如何結束要容易得多。

俄烏戰爭將會於2022年至2027年間留下痕跡及帶來危機，這對歐洲革命來說是不利的，他們需承受失控的物價、失業、持續經濟衝擊，以及不幸的進一步推想歐洲危機或許會引致歐盟解體或達成巨額協議，以防止某些地方因腐敗而陷入困境。

最後，隨著大企業遷往其他地區，亞洲也將經歷失業和經濟起伏等嚴重問題。

章節30
宇宙宜居的星球 — 最少有6,875個適合人類生存

以下信件於1999年2月12日
在阿瓜斯迪林多亞（Águas de Lindóia）撰寫

理論上，地球上各處因為水源而存有生命。因此，對地球外生命的尋找一直集中在所謂的「宜居帶」（恆星周圍的區域溫度足以讓行星表面有液態水）。

然而，按朱瑟里諾的夢境顯示，他得出結論，其他世界（除了那些類似於地球的世界）可能為生命的出現和進化提供合適的條件。這些世界甚至可能被證明是「超級宜居」的，比地球更有可能孕育生命。

「我們如此專注於尋找地球的『影子』，以致於我們可能會忽視一顆更適合生命存在的星球。」朱瑟里諾表示。

尋找宜居的系外行星（圍繞太陽以外的恆星運行的行星），夢境顯示有6,875個宜居的行星系，可能有岩石行星。除了觀察像我們的太陽這樣有黃矮星的行星系統外，夢境（即星際旅行）還觀察到了橙矮星，它們比較冷、更暗、質量更小。

雖然太陽的壽命估計不到100億年，但橙矮星的壽命可以長達700億年。由於複雜的生命在地球上出現大約需要35億年，因此橙矮星的較長壽命可以讓它們的行星有更多時間發展生命和積累

生物多樣性。「我們的太陽並不是真正適合擁有大量行星的恆星類型生活。」朱瑟里諾説。換言之，一個更古老的行星可以給生命更多的時間進化。

根據預知夢，一顆年齡介乎5至100億年之間的星球是對生命的最佳點。它的大小及質量能影響其支持生命的能力。一顆比地球大12%的行星可有更多宜居土地；一顆更重的行星也會有更強的引力，以幫助它的大氣層保留更長時間。在遙遠的地方，會有成千上萬的行星適合人類居住。

比地球稍微熱一點的世界或許是超級宜居的，因為那裡有更大的熱帶地區，這對生物多樣性是有益的。然而，更熱的行星可能也需要更多的濕度，因為多餘的熱量會讓沙漠擴大。

此外，土地面積與地球相同但劃分為較小大陸的行星可能更適合居住。當談到巨型的大陸時（例如五億年前存在於地球上的古大陸岡瓦納遠大陸），它們的中心遠離海洋，往往使它們的內陸地區成為一片巨大的、荒涼的沙漠堆。再者，地球淺水帶比深海擁有更多的生物多樣性。因此，水域較淺的行星也可能非常適合居住。在這些宜居星球上，便有生命存在。

總而言之，透過「星際旅行」已經發現了潛在的超級宜居行星，它們距離地球皆超過100至300光年。由於它們太遙遠，以致NASA無法捕捉高質量的圖像來了解更多關於其他星球的資訊。總共有6,875個行星散落在宇宙中，這可能是2046年的一個選擇，屆時技術將得到很大改進，我們最終可能會接觸並研究其中的一些行星。

章節31
隨英國脱歐，未來歐洲及歐元危機

英國議會在公開請願超過一百萬個簽名以離開歐盟後提議舉行公投。2016年6月25 日，51.9%的英國人投票決定離開歐盟。

朱瑟里諾去信不同的歐洲機構警告持續惡化的情況。

據朱瑟里諾的資料指出，英國脱歐結果會使英鎊及歐羅同時大幅度下跌，拖垮歐洲金融系統，然後延至世界各地。2020年後歐羅及英鎊無可避免的下跌。

朱瑟里諾去信英國首相告知他的預知夢，警告他此舉將有連鎖的骨牌效應。

失業率急速上升

事實上沒有迫切需要放棄歐洲的綑綁，可是英國首相無法反對人民的決定。議員們將試圖阻撓英國退出歐盟，朱瑟里諾稱這是政治自殺。

雖然英國領導人聲稱他們不急於正式提出決議要求，但歐盟國家開始向英國施壓，要求其加快英國脱歐所需的程序，這將給歐洲帶來嚴重問題。

英國退出歐盟不是絕交，也不是戀情破裂。歐盟委員會主席容克甚至警告説，這不會給整個歐洲帶來嚴重的問題，他呼籲倫敦立即執行申請脱歐程序。

脱離歐盟

結束40年婚姻的過程並不能自然發生，事實上離婚過程十分艱難。它必須與其他27個成員進行談判，這是歷史上的第一次。

英國下議會大部份議員均反對脱歐。首相將向布魯塞爾提交申請離開歐盟的文件。

英國將啟動《里斯本條約》第50條，該條約自2009年起作為一種憲法發揮作用。 一旦這篇文章被觸發，就不能被推翻。

大部份國會議員認為英國該留在歐盟。最少450位來自不同政黨的議員嘗試讓英國永遠留在歐盟。這個爭議性的提案會引起歐洲國家強烈抵制。

英國人之間意見嚴重分歧

英國對於留歐與否的公投在英國人之間造成嚴重分歧。大城市如倫敦、曼徹斯特、布里斯托、李斯特、利茲和利物浦主要都支持留歐，而鄉郊地方及小城鎮則支持脫歐佔大多數。

大批在倫敦的民眾將會抗議公投結果。860萬名投票者中大多反對脫歐。倫敦人還幽默的在社交媒體上要求首都獨立。他們於歐洲議會表決前數小時絕望的於社交媒體將「脫歐」（Brexit）一詞寫成「後悔」（Bregret）。

英國公投

公投結果受廣泛討論，爭議隨之而來。公投結果支持率為51.9%，支持脫歐的市民多過反對的達120萬。英國內部局勢緊張加劇，因為蘇格蘭及北愛爾蘭提出他們要求脫離英國並留在歐盟。

英國首相卡梅倫在公投得出脫歐結果後呈辭。他表示尊重英國人民的意願，而他認為人民需要新領袖帶領接續下來的步驟及完成他們的決定。與歐洲各國談判將由新首相負責。卡梅倫知道脫歐意即經濟出現漏洞，會為歐羅及英鎊帶來嚴重問題。交易所將於世界市場持續失去價值。

另一邊廂，由於新增移民帶來的緊張，某些國家被限制入境，這會帶來嚴重貿易問題。亞洲、歐洲和美國之間意見分歧很大，可能會爆發貿易戰。各國將決定保留自己的貨幣。

章節32
中國的選舉和選舉過程

總統選舉氣氛熾熱，勿忘談談中國的情況。由於我們的政治模式與中國不同，值得去看看到底中國國家主席是如何選出來呢？很多人都對此感到疑惑，因為社會主義體制未必能夠深入了解此亞洲巨人的特點。我們現在來看看吧！

中國國家主席

開始前先看看其他我們熟悉的國家總統候選人程序為何？我們看看巴西、美國及英國的要求。由於巴西的體制來自這些國家，我們跟西方制度相似。

要在巴西參與總統選舉需要於巴西出生，現時擁有政治權利，在參選前最少已在政黨六個月，以及必須年滿35歲，且遵守選舉法要求，以及跟選舉法官沒有任何未解決的事宜，最後還要遞交數份文件，接著順理成章的應對大量官僚機構。

在美國，一名公民居住於該國超過14年，年過35歲便可出選總統。看似簡單，實則十分複雜。首先你必須擁有一個團隊及挑選你的選舉拍檔。然後你要準備演辭、辯論、籌款、推廣及擊倒你的對手以入主白宮。一個好的選舉工程該持續約一年。沒有好的辭令及資源，便沒有好的形象，誰也不會被人民選中。

英國方面，首先你要越過重重困難於政黨中取得領導位置，因為你越過重重障礙後才能成為議會中佔大多數。然後將職位授予某人。這與成為美國總統的過程一樣困難，因為需要不斷深度政治參與。

好吧，言歸正傳，中國的國家主席是如何選出？首先需要成為共產黨領導班子（說實在的，必須指出根據2015年數據，中國共產黨黨員有8,800萬人。）。要成為領導階層，必須年滿45歲並且通過數十年的挑選與測試。

國家主席由中國最大的權力機構全國人民代表大會選舉產生。選舉以及主席的任何罷免均由簡單小數服從多數決定。

加入共產黨是先決條件，黨員必須為一名職業生涯優秀的專業人士（不論任何專業）。接著有不同的測試及考試去決定此人是否具有領導才能。在中國有不同層次的結構。一般來說，由基層開始然後獲玃升至市級、處級、廳級、省級、部長級。在700萬政府官員中，只有140,000人中的一位能做到這一點。這可能需要二十多年。

中國國家主席習近平從基層開始，在中國西部的社區委員會開展工作。起初他指揮一個師，接著一個城市，然後先後指揮福建省、浙江省和上海省。然後他擔任副總裁，最後擔任黨總書記和總裁。他經歷了16次重大晉升，在超過41年時間裡統治了大約1.5億人。習近平於2018年將被中國議會任命為終身國家主席，並將在2022年或2023年大選中連任。

章節33
全球暖化警告

1979年7月9日，朱瑟里諾去信美國總統卡特先生，討論全球變暖問題。

朱瑟里諾在1988年5月15日給克林頓總統（Bill Clinton）領導下的未來副總統戈爾（Al Gore）的一封信中，警告全球變暖對地球構成危險，以及告知臭氧層的破壞及其後果。

朱瑟里諾指出必須作出措施以保護環境。這樣問題在未來便能得到解決。如果什麼也不做，地球上的生物便將於2043年滅絕。如果不採取行動，亞馬遜熱帶雨林將於2040年在地圖上消失。1991年，菲律賓皮納土波火山爆發，釋出大量氯氣到平流層導致臭氧層急劇流失，令美國和其他國家如菲律賓、印尼、澳洲、新西蘭、加勒比群島、墨西哥、巴西……的颶風和地震頻率增加。

他堅信，全球變暖的影響將會讓全球也能感受到，特別是2006年12月至2007年3月期間的溫室效應，因為缺水會向上游蔓延，造成河流乾竭。

到2040年，我們的星球可能會被炸毀，而美國將在2042年之前被第二次冰河時代摧毀。

朱瑟里諾還談到2005年吹襲新奧爾良的颶風卡特里娜，以及2006年摧毀了許多地區的颶風麗塔和威爾瑪。在同一封信中，他預測海嘯將於2004年12月26日在東南亞發生並將造成30萬人死亡。夏季風暴將更加頻繁。他談到禽流感、豬流感、1型、2型、3型、4型和5型登革出血熱，到2005年將有許多人死亡，2013年死亡人數將超過7,000萬。

他還提到了1、2和3型「諾羅病毒」。1和2型是出血性的，將會在2005、2006、2007、2008、2009等年份傳播。

在信中，他談到戈爾的未來，宣佈他將在2007年獲得諾貝爾和平獎，並在1993年至2001年期間當選克林頓的副總統。他還告訴戈爾將會出版的一本書，名為《絕望真相》（An Inconvenient Truth）。然後他將出版另一本關於未來的書，名為《平衡中的地球》（Earth in the Balance）。他補充說，在這本書內他將提到朱瑟里諾在這封信中提供的信息。

章節34
2027年至2044年或發生巨型火山爆發

以下信件於2022年1月17日在
阿瓜斯迪林多亞（Águas de Lindóia） 撰寫

朱瑟里諾警告全球政府對發生巨大火山噴發的可能性有錯誤的理解（大多認為沒可能發生）。因此，人類還未有做好應對其後果的適當準備。

預言說，大型火山噴發的風險遠大於小行星撞擊地球的機率。然而，每年有數億美元用於應對太空威脅，而為應對2027年至2044年間可能造成更大破壞的火山爆發做準備的項目資金卻嚴重不足 —— 我們需要在世界各地進行防災的資金籌集。

這是危急的事宜。「我們完全低估了火山對我們社會的危險。」環球風險專家朱瑟里諾說。「如此巨型的火山爆發會導致突然的氣候轉變和文明崩潰（也是遠古文明被毀滅的原因）。」

巨型爆發的機會

冰芯分析能顯示一直以來火山爆發的頻率，未來100年發生7級爆發的可能性很高。

預言所見，冰芯顯示將有六分之一機會於未來百年、甚至少於百年間會發生7級爆發。機會率等如擲骰子。

最近一次發生黎克特制7級的火山爆發是1883年位於印尼的喀拉喀托。

世界各地造成毀滅性後果

喀拉喀托的火山爆發威力相等於1945年襲擊廣島的原子彈的13,500倍，造成約100,000人死亡，全球氣溫平均下跌一度，摧毀全球農作物收成，並且帶來飢荒、疫症、暴動，該年被稱為「無夏之年」。

按照預言，如果沒有好好防範，未來的7級火山爆發將會令全球損失達數萬億美元。

章節35
希特拉與妻子於1945年

關於德國元首的一個令人絕望的真相。

他們並沒有自殺，他們逃到南美洲。

歷史學家告訴我們希特拉與其妻子於1945年4月30日於地堡內自殺。朱瑟里諾指這最後的時刻留有縫隙。他們夫婦的屍首呢？沒有發現遺體的痕跡。很多人相信他們避過俄羅斯入侵柏林，並在南美洲如阿根廷、巴拉圭甚至巴西等國渡過餘生。被稱為死亡天使的納粹約瑟夫·門格勒也曾在這裡避難。

沒有向全球公開的秘密資料

朱瑟里諾在1968年夢見希特拉死亡。就此展開研究並估計他並沒有自殺。相反，他跟妻子在某些德國市民協助下逃亡。很多他的朋友以及資深的人員陪同他們飛到南美洲。在朱瑟里諾的夢中，他看見希特拉與一班忠心的官員及其納粹朋友乘坐潛艇逃亡。他們逃到南美不同地方。希特拉前往阿根廷然後移居亞馬遜。他在沒證件下秘密再婚。最後他與一名由馬托格羅索來的人在巴西渡過餘生。史達林確信希特拉已經逃脫。他懷疑德國人與西方大國之間達成了協議，以交換軍事技術換取美好生活。

朱瑟里諾的夢亦確認了希特拉逃生。沒有人知道遺體發生什麼事。

朱瑟里諾保證1945年4月29日，希特勒逃往南美，他從未打算自殺。

貝隆夫人在旅途中病倒了，沒有倖免於難，她會在旅途中死去。
皆因當時某些疾病難獲有效的治療。

EXTRA — PARIS EDITION — THE STARS AND STRIPES — EXTRA

Daily Newspaper of U.S. Armed Forces in the European Theater of Operations

Vol. 1—No. 279 | 1 Fr. | 1 Fr. | Wednesday, May 2, 1945

HITLER DEAD

The German radio announced last night that Adolf Hitler had died yesterday afternoon, and that Adm. Doenitz, former commander-in-chief of the German Navy, had succeeded him as ruler of the Reich.

Doenitz, speaking later over the German radio, Reuter said, declared that "Hitler has fallen at his command post."

"My first task," Doenitz said, "is to save the German people from destruction by Bolshevism. If only for this task, the struggle will continue."

The announcement preceding the proclamation by Doenitz said: "It is reported from the Fuehrer's headquarters that our Fuehrer, Adolf Hitler, has fallen this afternoon at his command post in the Reich Chancellery, fighting to the last breath against Bolshevism and for his country. On April 30, the Fuehrer appointed Grand Adm. Doenitz as his successor. The new Fuehrer will speak to the German people."

The talk by Doenitz then followed, Reuter said. Doenitz said: "German men and women, soldiers of the German Wehrmacht, our Fuehrer, Adolf Hitler, has fallen. German people are in deepest mourning and veneration."

"Adolf Hitler recognized beforehand the terrible danger of Bolshevism," Doenitz said, "and devoted his life to fighting it. At the end of this, his battle, and of his unswerving straight path of life, stands his death as a hero in the capital of the Reich.

"All his life meant service to the German people. His battle against the Bolshevik flood benefited not only Europe but the whole world. The Fuehrer has appointed me as his successor. Fully conscious of the responsibility, I take over the leadership of the Ger-

(Continued on Page 8).

Churchill Hints Peace Is at Hand

Adolf Hitler at his height

圖片來源：網絡圖片

章節36
啟示錄

這時候，新的預言出現了，其中一些尚未得到證實。

請注意，並非所有預言都以信件形式寫成的。朱瑟里諾所寫的信件資訊來自夢中。老師不會將預言放在網路上，他只會發給相關的人士。任何人都可以選擇相信與否。朱瑟里諾認為收件人已獲通知。朱瑟里諾沒打算製造大眾恐慌。他認為他是和平的送信人。

我們該讓他工作，因為這是他的人權，他有權發聲。

我們必須明白，**預言並不是遊戲，不是命中便勝出，落空便輸了。**預言不是估算，有些預言已被證實了，有些卻沒有。

朱瑟里諾的信息是十分重要的，他在訊息的字裡行間為我們指路，讓我們有機會糾正我們的道路方向。

有時候，預言在某指定時刻並未發生，可是它卻會在稍後成真。

章節37
一個貼近朱瑟里諾內心的主題 —— 氣候變化

以下內容撰寫於1972年12月12日

在一些科幻電影中，我們會看到氣候變化的災難場面。這些電影有強烈的戲劇元素。他們會拍攝數以百萬計的群眾逃往偏遠的地區。

「這種突然和意想不到的氣候變化可能會在不久的將來發生。」朱瑟里諾說。

突然的天氣變化以前發生過，而且可能再次發生。它們確實是無可避免的。

這些轉變帶來的挑戰是無可避免。熱浪將會席捲宜居地區，但令人窒息的酷熱天氣也會蔓延至其他地區。朱瑟里諾表示，我們於2023年至2030年氣溫將會高達63°C。嚴重的乾旱將會侵襲南方國家，在許多大陸上，曾經肥沃的土地將變成旱地。這些氣候突變可能會持續數百年甚至上千年，後果令人類以承受。

雖然難以置信，但我們預料某些社會將會崩潰。昔日的崩潰歸咎於政治及經濟因素，現在的崩潰是由於氣候變化所造成。突然氣候變化的奇想刺激了科學研究。

氣候在十多年間不斷變化，直至最近才引起了電影業、經濟學家及政治家的好奇。

我們還看到了朱瑟里諾的預言警告。自1973年起，他一直要求當局針對這種氣候變化立即採取行動，並且公開了他的要求。新聞現在經常提及此話題。對於氣候變化實際上會引發什麼影響，以及我們將不得不面對什麼後果，也存在很大的困惑。

觀察者可能會隨機接受氣候變化會逐漸減少人為引起的溫室效應的想法。

但新的科學研究指出，全球暖化已達至史無前例的水平，這些突變很容易引起地球氣候的變化。

科學家們從前可能未有觀察到氣候變化，但考慮到1990年代初期進行的從格陵蘭冰川中提取冰柱的研究，才成為研究項目。

朱瑟里諾向世界各地的科學家發送了數百封信，說出他夢中的信息。我們知道極地核心直徑可達4米，它提供了過去11萬年形成時的氣候和溫度數據，也讓我們知道了過去幾個世紀的溫度。這些科學研究表明，地球的氣候歷史經歷了極熱和長期寒冷的極端變化。這些研究還表明，自上次冰河時代高峰以來記錄的變暖有一半發生在過去100年，在一個世紀內增加了12度。

這種全球變暖應該比以往任何時候都更加「關注我們」，因為它正在允許發生破壞性的氣候變化。

科學研究從格陵蘭島（北極）的冰數據中發現，它已經歷了超過23次變暖事件。經過數百年的變暖，氣候在一個世紀內迅速轉冷。格陵蘭島的濕冷與歐洲和北美的乾冷風有關，而與此同時，由於今天的南極對應厄爾尼諾現象和太平洋的其他異常現象，世界其他地區如南大西洋和南極的氣溫非常高。

北方的氣候將會變得乾旱。例如，在美國被稱為沙塵暴的嚴重干旱導致表層土壤流失，導致1930年左右發生嚴重的沙塵暴。

歐洲、亞洲和北美洲、中美洲和南美洲的氣候狀況可能會變得更糟，2020年之後將變得更加困難。巴西南部和及東北部將會面臨相同的問題。

遠離酷熱乾旱地區的人們的生活也將變得艱難。這促使美國國防部委託全球商業網絡機構進行調查，以確定當對流帶完全停止時對國家安全威脅的嚴重程度。

水浸與乾旱變得頻繁，天氣越益寒冷

乾燥的夏季將使乾旱在未來幾十年變得更加嚴重。自1978年以來，朱瑟里諾就一直就此向各國政府發出警告。由於綠化帶和森林的脆弱性，這種轉變正在發生。他們依賴於該地區植物循環利用的雨水。植物的根部吸收水分，否則這些水分會滲入土壤並流入大海，但現在它蒸發並返回大氣層。

植物將會受到污染而死亡，結果大氣層中的水份。撒哈拉沙漠是類似惡性循環的結果。

這是警號，也令人震驚。我們就是造成這些變化的人，如果我們不採取行動，後果將由我們承擔。唯一的解決方案是人類需要改變其行為以避免災難發生。

所有這一切都將對世界人口產生影響，他們將被迫遷移以避免海平面上升。

全世界冰川融化實際上向我們展示了氣候變化的影響。在喜馬拉雅地區，後果涉及持續而極大的危險。

因為山峰的高度，岩石和礫石將從山上大量落下，並用碎石填滿隧道。磚狀物料沉積在那裡。岩石與冰的混合成為砂漿，會形成天然水霸，阻截了融雪而成的水流。在某個時候，這將變成一場科學上稱為「冰川湖潰決洪水」的暴風雨，村莊可迅速被無預兆的、猛烈的洪水淹沒。目前為止，這樣的計時炸彈有數千個。根據朱瑟里諾於1985年8月4日的預言，尼泊爾的冰川湖（Dig Tsho Lake）將會氾濫，摧毀朗莫切（Langmoche）和朱布林（Jubling）之間42公里的14座橋、一所水力發電廠和無數房屋。

很多家庭在一夜間失去所有，一些大廈即時被洪水沖走，另一些則稍後倒塌。

洪水對農業造成嚴重損失，一大片土地被毀。其中一個被科學家懷疑並出現在朱瑟里諾預知夢中的湖泊是Tsho Rolpa，海拔4,580米，位於Trakarding冰川的盡頭，距離尼泊爾首都加德滿都110公里。它受到150米高的泥潭和沼澤牆的保護，但水位隨著特拉卡丁冰川的迅速上升而迅速上升。它每年收縮多達100米，導致水量從9,500 萬立方米增加到 110,000,000 立方米。

表面溫度由夏季的10度至11月到4月的零下溫度不等。然後雪就結冰了。夏季加速冰雪融化導致水平面上升更多。如果由凍結的碎石和泥漿組成的天然水壩軟化導致Tsho Rolpa洪水氾濫，預計將有30至3,600萬立方米的水溢出到Rolwaling山谷。108公里外的特里貝尼鎮的一萬名居民也將受到影響。這是朱瑟里諾在很久以前的預言，他表示Tsho Rolpa將於2011年7月5日斷裂，導致一場大災難。

朱瑟里諾在1978年已作出此預言。

曾經有一個跟伊姆扎（Imja）冰川湖有關的預言。這個湖誕生於60年代，由 Imja 冰川的融水補給，其表面面積約49平方公里，從那時起，由於冰川的逐漸融化，該湖不斷擴大。2007年，湖面表面積為947平方公里。Imja和Dudh Koshi山谷相對來說較適合居住，已成為登山者和徒步旅行者的熱門地點。湖水決堤將帶來災難性後果，根據朱瑟里諾的預測，這將於2014至2019年的夏季（或可能稍晚一點）發生。

洪水是極度危險的，並且會帶來可怕的後果。冰川逐漸迅速消退將產生長期影響。最初，受影響的將是該地區的人民。但當冰川如預言所描述的那樣融化時，也將意味著東亞和南亞數百萬人的飲用水供應的終結。該地區的七大河流 —— 印度河、恒河、雅魯藏布江、薩爾溫江、湄公河、長江和黃河。夏季雨水充沛，但在旱季恒河還是依賴冰川水。5億人生活在恒河流域，所有人都依賴其淡水為生。問題是這種水補償功能能持續多久。至少1,350年來，印度教朝聖者每十二年就會來到Allahabai，在恒河水中沐浴，洗去他們的罪孽。2005年1月，朝聖者人數估計為3,200萬。幾十年後，信徒很可能只能在沙中沐浴。（我希望不會發生！）

未來的後果

在1980年代，當局難以跟進有關全球暖化的預言。這是因為本世紀的許多科學家給出了完全相反的信息，他們認為地球正在走向一個新的冰河時代。一些科學家大規模地研究了這些變化。根據他們的發現，他們推斷下一個冰河時期最多會在幾百年或一千年後發生。在接下來的幾年裡，科學家們發現溫室氣體在增加，導致氣候變暖。這一發現使科學家們相信，下個世紀將以熱量為主。在1980年代的科學研究之前，朱瑟里諾早於1977年提醒科學家。他自己明白冰河時期不會這麼快發生，因為人類引發了全球變暖，而且比以前想像的要早得多。

全球缺乏水資源

1970年7月5日，當時還是個小男孩的朱瑟里諾寫道：「水可以保護生命」。

1970年，他明確呼籲迫切需要促進水資源的保護，並致力於新形式的社會生態發展，以避免我們的環境崩潰。當時這個話題是禁忌。多年來，一方面是環保主義者，另一方面是預言家的朱瑟里諾帶著他的預言指出了保護水的重要性，水是地球上最寶貴的資源之一。目前，似乎並不是每個人都對這個主題感興趣。

隨著人口增長看起來像是取之不盡用之不竭的資源，政治、經濟和文化方面的擔憂正在浮出水面。當人口像擁有取之不盡的資源般增長時，政治、經濟、文化開始出現憂慮。水資源短缺在一些國家已經成為現實。根據統計研究，只有三分之二的地球表面能夠接觸到這種人類賴以生存的基本液體。這成就了朱瑟里諾的預言。他寫道，目前11個非洲國家在不久的將來將面臨嚴重的乾旱和缺水問題。東方九國將會缺水。在墨西哥，印度、中國和美國將處於危急的境地。《世界水權宣言》應該有一個管理計劃，它應該對地球表面水資源的不公平分配有著尊重和共識。

巴西仍然比非洲和亞洲有優勢。巴西擁有地球上13%的水資源。亞馬遜地區佔該資源的70%，這也是該地區如此受到外國人垂涎的原因之一。巴西 92% 的人口爭奪該國其他地區可用的剩餘淡水。

就歐洲而言，水資源短缺將在2023年至2026年之間到來，這將是問題的開始。

朱瑟里諾的口號是「保護」。如果不嚴格維護我們的水資源，水資源匱乏將會像武器一樣導致我們星球上動植物群的減少。人類必須意識到這一點，否則河流就會消失。

最重要的是要停止傾倒廢物、污染物，尤其是停止沿河建造房屋，以尊重沿河植被，保護海洋世界。

「污染和資源匱乏是世界最大的敵人。」

朱瑟里諾宣佈，非洲和亞洲於2008年將會因缺水而出現許多問題，這將是衝突的開始。反過來，在不久的將來，有些地方會因為缺水而無法生存。「終有一天，一杯水比一桶油還貴！」

這對巴西來説是個好時機。很多人會對保護水資源感興趣，我們將成為未來世界的戰略要地。

溝通與預言的主觀性

關於這些預言，我們觀察到關注度得以提升。特別是帶有字母特徵的警告文本。「也就是説，我觀察到日本的大阪和神戶於2009年1月25日將會發生黎克特制 8.2級地震。」

即使該預言並沒有如預期發生，朱瑟里諾在另一封信上提及2011年3月11日在日本的一個地方可能發生地震，他也曾向當局發出警告。

由此可見，朱瑟里諾將每個預言清晰又仔細的紀錄下來是事實。我們必須意識到，閱讀這些訊息可以使人獲得類似於啟示錄中神聖文本的力量。

這裡無意冒犯神聖文本或假裝是其中之一。

我們在下面引用著名的聖約翰啟示錄第十二章，「天上現出大異象來：有一個婦人身披日頭，腳踏月亮，頭戴十二星的冠冕。他懷了孕，在生產的艱難中疼痛呼叫。天上又現出異象來：有一條大紅龍，七頭十角；七頭上戴著七個冠冕。他的尾巴拖拉著天上星辰的三分之一，摔在地上。龍就站在那將要生產的婦人面前，等他生產之後，要吞吃他的孩子。婦人生了一個男孩子，是將來要用鐵杖轄管萬國的。」

當我們放下聖經的傳譯解釋，我實在看不到外行人如何理解聖約翰的訊息。我們注意到，可是那些話語是過去式，正如我們在朱瑟里諾的著作中看到的那樣。難道這是巧合嗎？如此看來，朱瑟里諾的使命是滿有成效的。

他的預言是擁有科學基礎的。日本地震的例子十分明顯。無論在地理或地質學上都有可能。請留意日期。值得注意的是，他的預言一直持續到2036年。雖然人們已知道他的預言訊息，但仍無動於衷。朱瑟里諾寫出一系列他認為將來會發生的預言。他還補充說，他不希望自己所寫是對的，但他的責任就是警告世人。

「我的使命是保護人們並採取行動，以便當局採取預防措施避免災難，並在災難無法避免的情況下提供幫助。另一個目標是形而上學的，這意味著人類將被改變。自私與物質主義在增加，地球的振動頻率也在增加。若數百萬人持有正面能量，該能量足以扭轉目前最重要現象的強度。」他解釋道。

章節38
2022年至2047年之預言

1. 2022年7月8日，日本前首相安倍晉三可能死於謀殺。

2. 2018年至2025年間禽流感病毒（HSNL）、豬流感可感染近700萬人。2024年至2026年間登革熱、寨卡病毒、基孔肯雅熱、瘧疾、霍亂和一系列致命細菌將會肆虐。

3. 2039年3月6日，阿根廷將會發生騷亂、恐怖襲擊和警民衝突導致多人死亡。 美國和阿根廷一樣，遭受巨大的暴力浪潮。

4. 我看到2029年3月19日，台灣發生一場黎克特制7.0級強烈地震。

5. 我還看到2043年和2045年，法國、比利時和德國發生的恐怖襲擊，將有200多人死亡。

6. 美國共和黨將贏得2024年的選舉。

7. 日本一座火山將在2033年至2041年間爆發，造成多人死亡，許多人無家可歸。

8. 從2025年起，一種稱為馬堡的致命病毒將會出現，感染世界各地的人。馬堡病毒非常具攻擊性，死亡率高達88%，而且其來源遭到隱藏。

9. 伊波拉病毒將在2042年感染非洲數千人。

10. 2028年1月23日，阿富汗發生 7.0 級地震。

11. 土耳其於2029年5月24日將會發生黎克特制8.0級地震，影響首都和附近地區。

12. 2031年7月，英國將於公眾建築發生炸彈襲擊。

13. 在美國，加利福尼亞州的博利納斯，將於2036年9月5日發生黎克特制8.0級地震，造成數千人死亡，也將是另一大地震發生的先兆。

14. 2034年9月22日，瑞士和奧地利將可能發生恐怖襲擊，還遇到移民造成的問題。

15. 挪威一座大壩將於2044年12月12日決堤，一座城市將幾乎被完全淹沒。

16. 地球溫度將達63°C。2039年8月27日，全世界都會發生死亡事件，引起恐慌，這種情況將於2047年7月26日起重演。

17. 中國、香港、澳門、台灣雨水泛濫，造成數千人死亡。2035年8月9日，菲律賓將有數千人無家可歸，數千人死亡。

18. 秘魯西南部將於2046年5月10日發生8.0級地震，造成2,000多人死亡和多人受傷。

19. 2044年7月3日，墨西哥發生黎克特制7.0級地震，在該國中部造成嚴重問題。

20. 2041年9月17日，智利發生黎克特制8.0級地震，將造成20,000多人死亡。

21. 2023年至2028年，熱浪、火災和龍捲風將會吹襲美國，多個地區遭受破壞。將會有很多人死亡，政府將關注該國的局勢。

22. 禽流感和豬流感爆發新病例，尼帕病毒將於2032年8月1日在全球爆發。

23. 2028年12月21日，特拉維夫將發生恐怖襲擊，造成100多人死亡。

24. 2034年6月27日，秘魯的一個沿海地區將發生黎克特制9.0級強烈地震，將造成數千人死亡，並引發海嘯。

25. 澳洲悉尼附近將於2023年10月19日發生一場黎克特制8.0級大地震。

26. 非洲將因缺水而面對最嚴重的危機，數千人將死於口渴。乾旱將蔓延至全國。2023年2月17日，因缺水而出現衝突。

27. 日本將於2037年3月26日受到颱風吹襲，造成大量破壞。

28. 2031年5月26日，希臘雅典娜市周圍地區將可能發生一場黎克特制8.0級地震，可能導致數千人死亡。

29. 2038年6月27日，中國將會發生恐怖分子炸彈爆炸事件，在上海將造成數十人死亡。

30. 歐洲最嚴重乾旱的時期之一將在2026年來臨。德國南部、西班牙、意大利、葡萄牙和法國將經歷其中一次最大的危機，多個城市將在2026年7月11日受到影響。這種情況將持續到來年3月。主要問題是這些國家缺乏水源、森林火災、風暴和閃電。

31. 由於非洲缺水和發生衝突，大量流離失所者將湧入歐洲。亞洲將產生巨大衝突，2034年12月26日，將有許多人因爭奪水資源而死亡。

32. 德國、瑞士、奧地利因旱災造成農作物巨大損失，並將引發大動盪。2024年3月3日，該國南部和東北部將發生一場危機（這日期可能延遲）。

33. 一場強烈颶風將於2024年7月26日吹襲加勒比地區，造成數千人死亡。

34. 2030年8月10日，日本東部將發生黎克特制8.0級強烈地震。

35. 印度西南部於2024年10月6日將可能發生黎克特制7.0級地震，造成數千人死亡。

36. 土耳其西部於2024年11月7日將可能發生一場黎克特制8.0級地震。

37. 2034年4月21日，俄羅斯發生黎克特制8.0級地震。

38. 2025年2月8日，意大利（那不勒斯）發生黎克特制7.0級地震，造成數千人死亡。

39. 2025年4月15日，智利中部將發生黎克特制8.0級地震。

40. 葡萄牙和英國已經面臨嚴重的水資源問題，短缺將蔓延至法國、西班牙和其他鄰國。這場危機將在2025年4月變得更加嚴重。

41. 在西藏（西北和南部）於2035年8月19日發生黎克特制7.0級地震，並將造成巨大破壞。

42. 颱風「珍珠」正在吹向中國，而不是逼近香港。它已經在菲律賓造成1,000多人死亡，其後它將在2025年9月17日於主要城市造成意想不到的災難。

43. 盧旺達流行病蔓延，胡圖族和圖西族之間發生了巨大衝突。基加利的房屋遭到襲擊，出現飢荒，也有罪行發生。除了衝突之外，2026年2月13日，該國還會發生一場大旱。

44. 美國將可能發生黎克特制9.0級大地震，海洋將吞沒大片陸地。地震所造成的巨大裂縫，將聖安德烈斯斷層分開，數百萬人可能於2037年2月喪生。

45. 2029年12月13日，印尼將會發生火山爆發，造成破壞和傷亡。

46. 2027年11月26日，黃石火山將發生大規模爆發，波及整個Livestone地區，嚇壞堪薩斯州、內布拉斯加州及周邊地區的人們。煙霧將無處不在，導致多人身亡。

47. 2038年11月2日，非洲摩洛哥將發生黎克特制8.0級地震，數千人因此喪生。

48. 在法國，自然災害變得危險，潮汐變化已經影響海岸。由於從2027年12月至2030年居住海岸附近變得危險，人口正在從海岸撤離。

49. 2028年5月8日，印尼東部將會發生一場黎克特制8.0級地震，造成3,000多人死亡。

50. 2028年8月5日，巴西聖保羅南部和北部海灘附近的房屋，生活條件將變得複雜。

51. 中國於2028年9月1日將可能發生一場黎克特制9.0級地震，導致一千多人死亡。

52. 2046年4月19日，菲律賓將可能發生黎克特制9.0級地震，造成巨大破壞和多人無家可歸。

53. 印度新德里附近的省份將於2029年1月30日發生黎克特制8.0級地震，造成數千人死亡。

54. 許多國家將會關心水資源問題。潮汐已經開始變化向內陸推進，影響多國海岸，如荷蘭、法國、比利時、德國、冰島、俄羅斯、古巴、多米尼加共和國、印尼、馬達加斯加、斯里蘭卡、巴布亞新幾內亞；大洋洲：菲律賓、台灣、韓國、日本等。事情將發生於2029 年9月24日。

55. 一顆名為Apophis的小行星將於2029年6月17日至2036年之間與地球相撞，對人類構成巨大風險。

56. 2032年5月14日，薩爾瓦多將會發生黎克特制8.0級地震，造成數千人死亡和受傷。

57. 非洲氣溫將達到60°C，引發新的衝突。該衝突將於2033年1月18日開始。

58. 2031年10月10日至12月6日期間，德國將可能發生核事故，造成多人受害。

59. 2033年至2035年期間，德國、瑞士、奧地利、比利時、瑞典、挪威、丹麥、芬蘭和冰島將出現銀行倒閉、失業和糧食短缺等危機。

60. 一顆名為2002 NT7流星被觀察到將在2019年至2036年期間與地球發生碰撞。朱瑟里諾於2000年預言，而位於墨西哥的美國天文台則於2002年發現，發生碰撞的可能性是60%。

61. 亞馬遜森林大規模砍伐將在2036年達到臨界點。

62. 美國股市將在2034年6月5日崩盤，世界將經歷2034年至2036年的經濟危機。

63. 我看著2042年接近地球的小行星，它正與地球相撞。人類將可能使用新技術改變它。

請小心閱讀！

預言並不是預測，如沒有任何改變，預言將會發生。

我們希望盡所有努力去阻止事情發生。

章節39
朱瑟里諾與他的預言信 — 桑德拉瑪雅 撰

書信是在人類歷史中最古老同時最傳統的文件之一。聖經已證明此點。其特色是文字。原本的目的是查詢、傳遞訊息及給予建議等。

聖保羅的書信是其中一個例子：
（提摩太前書3章：1 - 4節）可以肯定的是當一個人朝著一個方向前行，追求就會變得高尚。可是領袖必須無可挑剔、平衡、忠誠、受過訓練、包容開放，能接受新事物、不酗酒、不引起爭議、同時仁慈、平和及不易受金錢誘惑。

（哥林多前書 1章10節）弟兄們、我藉我們主耶穌基督的名、勸你們都說一樣的話．你們中間也不可分黨．只要一心一意彼此相合 。

靠著這些信件，我們可以看出朱瑟里諾的信件是有目標性的。信中所寫的主要是他在夢中所見的境況。

因此，我們可以將朱瑟里諾的警告信視為可作建議的警告。他在信中使用末世的字眼，以「我看見」來形容預言的影像，豐富了他的預言描述，希望能夠通過說出預知夢的內容來避免痛苦。結果，很多預言信均是以帶有注意及警告字眼這方式，務求避免危險發生。

西班牙總領事於2005年探訪朱瑟里諾，他贈送了自己腋下夾著的一台電腦作為禮物，並補充說：「我這樣做是為了與西班牙當局合作打擊恐怖主義，我這樣做為了與預言家合作，因為我們知道你的信息不僅有助於我的國家西班牙，而且它們將幫助全世界數百萬人。」只有時候到來，我們才能知道未來將帶給我們什麼。讓我們反思生活，反思因我們造成的颶風與地震，反思我們每天跟孩子的問題。讓我們意識所有負面的東西都是可以避免或克服。

預言對我們來説仍處於神秘的領域，屬於超自然現象，因此它很容易聲名狼藉。而偽靈媒的數量每年於各媒上作出預測，對認清預言所説的現象並沒有幫助。朱瑟里諾本身也難以解釋。他只是造夢，而這較早前已闡明了。

使命

過了些日子，保羅對巴拿巴説：「我們可以回到從前宣傳主道的各城，看望弟兄們在做什麼。」（使徒行傳15:36）

我打算回到此書的中心思想：

2005年底，在福塔萊薩與朱瑟里諾的會面在電視上播出。他的演講、他對我家的訪問、我們的長時間交談以及我們的電子郵件通訊。教授安靜的性格，他不斷的傾聽，就好像他一直在聽到被他的導師證實的聲音，這些都是朱瑟里諾全國聞名的特質。

然而，有一些有趣的軼事仍然讓我微笑。

我們去機場等候他，然後去了海邊的一家餐館。當我們下車時，一個街頭小販在餐廳入口處向我們販賣彩票。我們帶著疑問的目光轉向朱瑟里諾，他漫不經心地問他的嚮導（靈性導師），得到的回覆是「買」。我們都買了彩票。我們沒有贏得任何東西，但留下這個故事。

另一宗軼事發生在我塞阿拉的家。

「塞阿拉莫勒克（Ceará Moleque）」是一位愛開玩笑的同性戀靈媒。當日17人在房間裡等待朱瑟里諾説「什麼」，有些人期待他會説出彩票的得獎號碼，或關於塞爾索丹尼爾（Celso Daniel）死亡的事情。接下來發生的事情很有趣。在場的每個人在生活中都有過奇怪的經歷，他們想與朱瑟里諾分享。情況幾乎就像是問答環節，而朱塞里諾一如既往地平靜安詳，專注地聽著。房間的四面八方都在問問題，各種各樣的問題，無論是關於國家的未來、選舉，還是關於他們自己的問題，皆伴隨著一絲幽默感。正如當地諺語所説：「失去朋友但不要失去幽默感。」

回到朱瑟里諾的使命和他傳遞的信息，我們想告訴你，在不試圖為他的信息的性質辯解的情況下，預言一場災難或人道主義災難已經是一場災難。朱瑟里諾絕不是一個煽情的人，相反他很害羞，很內向，説話很慢、很清楚。

老師留在酒店裡三天，沒有人知道他在那裡，他不是在工作，也不是在休養，他沒有外出。我們保證他免受任何騷擾，沒有人當觀眾。

在我總結之前，我想澄清一下，我沒有向你透露任何獨家消息。我被委託的所有材料都與本書中所寫的材料相同。我試圖不加判斷地分析這些預言，即使是關於 2018 年將以武力衝擊福塔雷薩市的海嘯的預言。這是我居住的城市。但我知道這個預言可能會轉移到 2021 年，甚至是等一下。

我希望向讀者解釋我在此書中的角色：
我負責撰寫朱瑟里諾的文章。雖然我自己寫的部份很少，但我仍然覺得我為它做出了貢獻。在2006年5月至8月的那幾個月裡，我生活在這個充滿不確定性的世界裡。我相信這不會是我最後一次談論朱瑟里諾現象，我也會以同樣的關注來談論它。

另一方面，很多人皆證實了他們在朱瑟里諾面前得到治癒時獲得的正能量，許多人報告了深刻的轉變以及治癒的祝福。我們不知道以何種方式，但觀察到這個平凡人散發著一股對他身邊的人有益的能量，他幫助人們解決健康、經濟、財務等問題。

難怪他經常被各地政府、名人、各界人士（民眾）、宗教領袖、政治領袖和匿名人士要求提供諮詢服務。

桑德拉瑪雅
(Sandra Maia)

章節40
全球意識

世界可曾如我們活在今天般悲慘及混亂嗎？

我們可在哪裡找到安寧、正義或最值得追求的事 —— 靈性上的平靜和一顆發亮的心？

我們有很多消遣，帶給我們無限的快感，同時擾亂我們的注意力，讓我們遠離那些不斷漂浮在我們意識的門檻上的想法。我們感到深深不滿，有一種在前途未卜的情況下如臨深淵的感覺。

但我相信未來是有希望的。具有完美可能性的生活模式，實現人們幸福的生活，創造普世的生活。我們唯一可以依靠的工具是我們自己，也就是人類。我們已經製造了目前正在準備的所有困難。我們縱容人間墜入混亂之中。我們為二十世紀帶來兩次具破壞力毀滅性的戰爭。

為了覓得解決方法，我們不得不撥亂反正。我們將沒有外力支援。但神給予我們一個重要的日子來阻止這種肆無忌憚的破壞。日期從2007年12月31日開始，最後的期限是2020年。

我們必須問自己的問題是，我們欠缺了什麼導致今天如此嚴峻的境地？我們忽略了什麼？相對於世界居民的整體而言，我們每個人作為個體的行為難道都如此微不足道嗎？還有什麼事情可以做來影響未來事件的進程嗎？答案是：是的，我們可以。因為人類代表了地球的最高成就。人類擁有一切善與惡，擁有創造或毀滅的一切力量。事實上，人類是通往天堂和地獄的鑰匙。

無論技能或能力的來源如何，事件都會根據所採取的方向來發展的。作為一個例子，我們可以比較納爾遜·曼德拉為他的國家所做的事情和薩達姆·侯賽因為他的國家所做的事情。事實上，一個人在世界歷史上所取得的成就是有很大差異的。

無論面臨多麼嚴重的危機，我們都能夠、而且一定會渡過難關。

但我們所受的折磨會持續多久？什麼時候才能有內在和尊嚴地生活？未來的福利要多快才能惠及所有人？這些問題的答案只取決於我們，取決於你，取決於我，取決於我們每個人。從猿人發展到現在的人類所經歷的數千年的進化不會突然停止或改變我們現在所處的位置。考慮到我們對自然法則的全部理解，這是荒謬的。開發人的本質是一個夢想，但我們進步的快慢完全取決於我們自己。

在撰寫這最後幾頁時，朱瑟里諾希望為我們提供一個改善生活的秘訣。

當有人生病時，他或她會尋求醫生的幫助。作為個體，我們屬於病重的物種。人類生活在不健康的環境和有毒的社會中。有些法則我們認為是內部健康法則。如果法則受到尊重，它將幫助我們個人恢復靈性和道德健康。它將改變我們每個人 —— 人類社會不可或缺的一部分 —— 並使我們的生活更加幸福，無論如何，從各個角度來看，生活都更加美好。

現在一切都變得如此寵大，發展的速度讓我們感到無助。我們已經被捲入這股潮流，以致於浪費了精力，我們必須付出個人努力來控制後果。我認為世界上大多數人經常談論當前的政治進程，他們看到他們正在發動什麼樣的戰爭。幾十年前還有希望，那就像一場夢，是戰後時期在苦難和數千人死亡的痛苦中誕生的團隊合作時期。這種情況已經改變，我們現在看到的不再是合作，而是新的權力結構和新的分歧成為頭條新聞。

但我們似乎還沒有吸取教訓。仇恨和意見分歧的高牆每時每刻都將我們分開。我們要去哪裡？我們將在哪裡找到保護？

解決辦法之一是我們每個人首先照顧好自己，我知道這不是完整的解決方案，但它是未來世界穩定的先決條件。我們必須以人為本，尊重他人。重新發現生活的藝術。日復一日，我們已經忘記了幾個世紀前的知識。此刻，當我們冷漠地審視我們的世界時，我們可以說，這個世界上居住著動物和罕見的被遺棄者。

我們這些以思想的邪惡和乖張威脅我們品格的人，現在正在毀滅我們的物種。我們還遠遠沒有達到我們的期望。人類不是萬物之王，但我們未來可以。我們看來是很可怕又不幸的生物，永遠不被滿足。邀請人類發掘如何有紀律地應用我們的能量，並在還有時間的時候將他們引導回正確的道路。

我們必須放下這種有害的行為，並與愛的本質相連。

章節41
朱瑟里諾的能量工作

為了達到更進化的超物理層面，有必要考慮正面宇宙觀念。然後，靈性導師引導我們走向世界和平和生命的多維性。

宇宙有很多維度，還有其他與我們不同的眾生，有擁有微妙軀體的眾生、沒有軀體的能量、只有意識體的眾生和實體。他們中的一些人看起來像我們，他們像我們一樣工作和學習。

我們必須考慮到，在這個維度中，我們依附於我們的身體，並且存在振動限制。

無論喜歡與否，我們皆暫時保留在物理維度上。所以我們不是來自這裡（我們屬於其他維度），這就是我們現在的家。事實上，我們的家就是整個宇宙。我們的鄰居現在就是我們居住的這個星球。無論是在地殼上，在星光層還是在心智層（沒有形式、時間和空間，也沒有純光的維度）。

保持一種清晰的狀態是很重要的，這樣我們便可以進入或離開身體。於每個維度中保持清醒及清晰十分重要。我們得留意於靈性上幫助別人，幫助我們的親人或靈魂，幫助那些已去世、曾於敵對狀態或疾病的人。因此，當你晚上睡覺時，請像朱瑟里諾那樣，將你的想法提升至無限的宇宙、自願人士、天使或你所信賴的任何人。但不要忘記讓自己做好心理準備以實際行動幫助他人。保持平和、遵守紀律。

嘗試用你的想法帶來一些正面的事情。向宇宙或需要幫助的人傳遞正能量。通過這種方式，你將在其他維度獲得更大的清晰度和清醒（意識）。由於我們與肉體聯繫在一起，因此我們的能量對他人有作用的。通過這種方式，你正在幫助那些在身心靈層面上感到十分沉重的人們。當你支持/幫助更多脫離肉體的靈魂時，你自己的意識中就會獲得巨大的創造力。你尤其會在超物質層面建立友誼。許多人會感激你，並最終會在另一個時候站在你身邊向你證明這一點。尋找更高的超物理維度，這可能就是我們的目標。

現在請謹記：你身處地球，你必須參與其中，你需要在地球上生存及活動。毫無疑問，閱讀預言相關的事十分重要。朱瑟里諾一直在實踐這種方法。

我們忘記了什麼，我們將會發現什麼，我們過去擁有什麼，未來我們還會擁有什麼；這個主題將成為朱瑟里諾的下一本書《過去與未來之間》（Between the past and the future）的一部分。

章節42
致廣大的讀者

當我使用「物質」一詞時，我們使用的是物理學中使用的表達方式。

物質是我們五種感官可以感覺到的一切，但也包括我們看不到或感覺不到的東西，只能通過顯微鏡或粒子加速器、原子、電子、中子、質子、輕子、玻色子、夸克等。 這一切都是物質。

物理學尚未確定粒子劃分的極限，但它承認粒子是無限小的，並將其視為物質。

誰知道電子顯微鏡是否可以看到大腦周圍的東西？或者是否可以通過將其引入粒子加速器來識別其成分？

當我們提到沒有肉體外殼的無形能量或靈魂時，我們說它們被「靈」（vitality）包裹著。

根據聖經的記載，塔爾蘇斯的保羅稱他們為「靈體」（spiritual bodies，屬靈的形體），而過去許多深奧的靈性潮流稱其為「星光體」（astral bodies）或「靈魂出竅」（peri spirit）。

古老的深奧和靈性文獻並沒有對這些超物質身體的本質進行更深入的解釋。最初在招魂術中對此沒有任何澄清。這個詞是由兩個詞組成的。雖然一個詞讓我們清楚地知道近靈（peri spirit）是由物質組成的，但另一個詞卻說物質是一種實體。它沒有說「第五元素」（quintessence，又譯作精質）是什麼，也沒有定義它，意思十分含糊。

事實上，朱瑟里諾與宇宙能量和靈性有著聯繫接觸，並解答了我們提出的疑問。而這個Peri Spirit由物質組成此事實是十分重要的。

這意味著靈體、星光體或近靈體也是由粒子組成。

雖然精質這個詞的含義很模糊，但物質這個詞卻意味著一切。這是宇宙的基礎，正如我們所知，對宇宙的研究和深化是自然科學的目標。

據想像，人死後會進入靈性世界。這給我們一種模糊的視覺和印象，即靈魂在我們周圍徘徊 —— 在家裡、在我們的城市、城鎮、物體、工作、活動等。

我（朱瑟里諾）經常避免使用「遊魂」這個詞。

在1974年，根據我在冥想過程中獲得的經驗，我總是看到靈魂談論與我們相似的靈體。

通過媒介顯現出來的無形靈魂向我們訴説疾病、割傷、傷口和流血，它們的身體內外都與我們相似。 他們的感官也是如此。

他們以與我們相似的方式看、聽、感覺和感知事物。

這就是為什麼許多個人或靈性實體需要數年時間才能意識到自己已經死亡。在他們看來，一切都沒有改變。

人死後，在靈性世界中，非物質的護士和醫生（或稱靈體護士和醫生）會照顧靈魂。靈性導師與靈魂討論前進的道路，最後他們被接待在門診站，這些門診站通常位於靠近地殼的地區，或者是靈性世界城市中的醫院、療養院或學校。這完全取決於個人的情況和需求。

我從1976年起就開始進行星體投射（astral projection，又稱星體旅行或靈魂出體），這被前唯靈論者稱為靈性會議中的部署。在這段時間裡，我經歷了很多，從靈界回來後的很多年裡，我都記得我在星界的所見所聞。

從2006年到今天，我在星光體能力逐漸以一種越來越清晰和強大的方式獲得了與我的身體感覺相似的維度，並且我正在與其他星光體接觸。在星體旅行期間，我感覺到體熱量、頭髮、水的濕潤、風吹過我的身體等等。

夢讓我有可能接近和觸摸化身（肉體的）和無肉體的（無形的）靈魂，而物質感覺在這兩種情況下是相同的。

我在生命體和無形體中感受到「皮膚的柔軟」，例如當我與某人握手或擁抱某人時。

自2004年以來，我的靈魂出竅經歷讓我對星光體物質越來越多的了解。

2013年，我父親去世前幾週，我在他家的一個房間裡睡覺。有一天，我看到了一個認識的靈魂，那是一位醫生，他正在對我父親星光體身體的一個肺部進行手術，皆因父親患有肺氣腫而失去了氧氣。

有人可能會問，為什麼在我父親即將離開地球時治癒星光體的肺部，他呼吸不順暢，而死後呢？靈性上的疾病會持續存在嗎？

朱瑟里諾早已放棄了靈體是透明的觀念。今天他知道無形體的身體結構與我們相似。它們有眼睛、耳朵和全身的感覺，還有味覺和嗅覺。

並不是每個人都可以通過心靈感應進行交流，它還沒有那麼發達。大多數靈體都是通過靈體的眼睛來觀察事物的。

靈魂的發展程度決定了星光體與肉體的相似程度。靈魂越不發達，肉體和星光體就越相似。

隨著靈魂的發展，靈體越來越微妙，我的物質也越來越精細，不再需要的器官就失去了功能，逐漸萎縮，直至完全消失。

目前，絕大多數無形的靈體（脫離肉體的）皆擁有類似於我們肉身的星光體。

許多無形的靈魂沒有能力在靈界的空間中行走或移動，他們需要被引導或攜帶。有些在密集（沉重）的地區上爬行。

星體層較低層的物質和能量更密集，更類似於我們的地球維度。

當來自靈性世界最低層的生物被帶到地球表面時，我們中的一些人就有可能觸摸、感受甚至擁抱他們。這是可能的，因為他們的星光體內存在大量物質。

我們無法看到居住在靈性世界較高區域的靈性城市中更發達的靈體，它們在我們的環境中移動而不自知。一切都與物質的凝結有關。但一切都是問題！所有的星光體都是由物質構成的，但物質的密度各有不同。

這就是為什麼在靈性聚會中，較不發達的靈性不知道較發達的靈性的存在。他們常常沒有注意到是誰帶領他們參加聚會或站在他們旁邊幫助他們的人。當被問到時，許多人說他們不知道他們是如何到達那裡的。

儘管所有皆在同一個世界中，但物質密度卻有不同程度，物質性也有很大差異。

不是很發達的心智往往會在物質世界中停留很多年甚至幾個世紀，並在那裡停滯不前。它們中的一些微妙物質仍然如此密集，以致它們與我們的物質非常接近，導致它們無法穿越牆壁。

另一方面，在靈性世界中，當我們離開地球的物質身體並處於星光體時，我們也無法穿過牆壁或門。這個維度的物體與我們的星光體的材質相同，因此對我們構成了障礙。

因此，我們知道每個維度都根據我們的靈性發展水平進行調整。

從物理學角度來説，兩個物體不能在空間中佔據相同的位置，這個準則在靈性世界也是同樣有效的！從這個角度來看，我們認為同一維度的兩個物體具有相同程度的物質密度。

我想通過這篇文章提出以下幾點反思：
我們對於靈魂的印象還是很守舊的，把它的外觀想像成透明或半透明的東西，甚至像煙或霧般。這是因為我們集中注意在物質層面多於發展靈魂/靈性本身。很多人類勞累半生只為賺取物質上的成功，完全忘記了靈性部份的存在。為了維持塵世的存在並享受其他的身體活動，他們於晚年花掉血汗錢。因此，不存在進化，只有物理轉變。

另一方面，當我們生命完結時離開肉體，我們會發現自己身處靈性世界的一座城市。運輸、傳送將在星光層發生，並沒有任何東西可阻止這個位面。它們絕不代表障礙，因為死後我們的身體將具有與平面相同的密度。

在那裡，在我們生活的世界裡，我們會打開門，穿過走廊和小巷，坐在椅子上，躺在床上，睡覺，吃飯，還有性生活，當然一切都取決於我們靈性進化的程度。

處於更高維度的靈魂是解脱的，不睡覺、不吃飯、不性行為，這對我們地球人來説是不可想像的。

然而，這並不是適用於所有靈性存在的一般規則。

現在是時候思考所有的靈魂了，那些與我們親近的人，以及我們作為靈魂與之互動的人。他們的身體與我們非常相似，因此我們可以識別他們並識別他們的語氣。我們可以將這個人物抱在懷裡，感覺就像是人一樣的接觸。

當我們在靈性世界中找到我們所愛的人時，我們就會認出他們。我們擁抱他們並與他們一起生活，就像我們在地球上所做的那樣。

「靈性上的恩典是金錢買不到的。」

很多人都會遇到這樣的情況，而且發生的頻率超乎你的想像。

許多人認為，因為他們不知道這些事情，他們只是做了一個美夢，在夢中他們再次見到了他們所愛的人。

在靈性世界中，「生者」與「死者」的相遇是很常見的，但很多人不相信並否認這種可能性。

我們必須謹記，當我們談論靈魂時，我們談論的是像我們這樣的人。他們有身體，因此有需求、恐懼、慾望、夢想、計劃和愛。

「靈異世界之魂」就是這個世界的靈魂，他們已經留下了包裹著他們的緻密物質，但他們仍然被包裹在物質之中，只是物質更微妙，更不緻密。像我們一樣的人和靈魂，他們的身體的物質密度只比我們的身體低一點點。

祝願大家充滿光明和愛。

朱瑟里諾
2005年5月15日

章節43
朱瑟里諾的偉大作品

總有一些人很了不起。

有些人能夠超越宗教、理性和經濟限制並且受到萬人景仰。

朱瑟里諾就是其中一個例子。他的智慧在巴西發展並傳遍全世界。

當你與他的能量連接時，你就有可能接近當代預言家的預言，並發現他透露信息時的那些偉大時刻。我們接受了這個純潔的靈魂所種下的種子。它教導我們謙卑，信心源自謙卑。「期望多的人，會得到利益，而在追求這些目標的過程中會受苦；期望少的人，則一無所缺，無憂無慮。」

只有抱有較低期望的人才能獲得啟蒙。擁有寬恕力量的人就能找到通往幸福的道路。

保護地球是我們的責任。我們被要求扭轉人類社會不當行為造成的嚴重環境破壞。

現在是人類主動修復和保護世界的時候了。我們不能重蹈過去的覆轍，而是要為未來播下積極的種子，讓果實生長繁衍。顯然，當我們談到人性時，我們指的是每個人，而人類社會是個人的集體。

章節44
2043年前，德國、法國、比利時及荷蘭等主要城市發生洪災

撰寫於2010年5月12日

「桑迪」將成為大西洋有史以來最大的颶風。

朱瑟里諾指，由於北大西洋水溫異常升高3°C，颶風將會加劇。

海水蒸發速度越快，颶風就越猛烈。這就是為什麼朱瑟里諾認為從現在開始這些風暴將會更強。

溫暖的海水比冷海水佔更大的面積，在這種情況下，如颶風桑迪吹襲會令洪水變得更嚴重。

水位上漲還有其他原因。大氣變暖導致極地冰蓋中的冰融化。

地球上最大的淡水水庫南極洲正在融化。數萬億淡水流入大海，導致海平面上升。

這在過去曾發生過。這種情況會再次發生，而且預測範圍比以前更大。

朱瑟里諾警告：「海平面上升已是不爭的事實，我們只在乎於速度有多快，因巨型冰川年復一年的融化。」

人類將如何應對洪水氾濫、淹沒大城市的情況？沿岸有巨大的

池塘。漂浮的大都市。連接大陸的水壩。地球上的生活會是什麼樣子？

根據他的預測，一旦二氧化碳 (CO2) 顆粒達到 5 億顆，我們就會面臨巨大的風險。我們不能等待至2020年才能解決這個嚴重的問題。

2024年海平面可能上升35米。紐約或里約熱內盧等城市將被淹沒。地球發生了什麼事？ 答案就在南極。

「南極洲覆蓋著 5 英里厚的冰蓋，大部分是淡水。與由海水組成的北極冰蓋不同。隨著極地冰蓋融化，海洋水位將會上升。我們不要忘記，地球上90%的冰塊都在那裡。如果一切都融化，水位將上升78米。我們觀察它如何逐漸融化並沉入海洋，從而導致水位上升。」朱瑟里諾解釋說。

但我們從科學家那裡了解到的這一現象的嚴重程度遠小於朱瑟里諾的預測，根據他的預感，大陸的地理輪廓將發生重大變化。柏林、倫敦和巴黎等城市將被淹沒。但未來的真正前景是什麼？人類有什麼可能避免這場災難？

在七萬年前的最後一個冰河時期，隨著冰河時期的擴大，由於海平面較低，地球陸地面積更加廣闊。後來，氣溫再次上升，冰塊縮小，海平面上升到目前的水平。我們可能會經歷另一個冰河時代。可是地球的氣溫再次上升，這次是因為化石燃料，皆因我們需要此來生產更多能源去推動汽車。

在歐洲，這個問題可能會變得嚴重，幾年後我們將達到大氣中二氧化碳的最高水平。僅在本世紀，氣溫就會上升7° C至12° C，而且氣溫正在上升，海平面也在上升。
佈滿建築物、基礎設施和商業活動的海岸可能會被大海吞沒。

在巴西，居住在海邊的人口比例約為40%，世界上近50%的人口居住在沿海地區。

如果海平面僅上升1米，世界上大多數港口就需要更換。這些基礎設施的損失將造成數十億美元的損失，這可能會在2043年之前發生。

若海平面再上升多1.2米，我們就會遇到電力問題，因為許多工廠將被淹沒，它們主要位於沿海地區。

再多一米，鹽水就會污染大多數水源。如果海拔上升180萬，整個沿海地區將不得不撤離，氣候難民將在世界各地流離失所。沒有人預見到的最大問題是核電站，其中大部分都是建設在沿岸位置。

長期以來，研究人員和科學家一直在致力尋找能夠保護城市免受海洋侵蝕的解決方案。

建造水壩是人類最偉大的工程之一。成本是巨大的，而它們的用處往往是治標不治本。

在美國新奧爾良，軍隊正在修建更堅固的水壩和極其堅固的城牆，以保護這座城市免受卡特里娜颶風級別等颶風的影響，2005年的颶風卡特里娜幾乎摧毀了這座城市。

孟加拉國 1.58 億人口中大部分居住在海邊。如果海平面上升1米，一半的房屋就會被摧毀，數以百萬計的難民將要尋找安全的避難所，而這將是世界上人口最稠密的大陸。根據朱瑟里諾的災難性預測，最大的問題是水位上升的速度。

未來海平面的跡象可以在最後一個冰河時期找到。當地球溫度升高時，兩極融化。起初海平面上升緩慢，但最終上升了150米。如果到本世紀末同樣的情況再次發生，海平面將比現在高出 5米。

溫度在0°C左右的冰塊融化速度非常快，熱帶山區甚至北冰洋的情況也是如此。但在南極，情況有所不同。

南極洲內部的冰層溫度低於-50°C，升高幾度不會危及這片大陸。但我們必須明白，地球溫度每升高一次，問題惡化的風險就會增加。

但當海平面上升時，我們能做些什麼來避免後果呢？就像西方文明的搖籃地中海一樣？

地中海擁有得天獨厚的條件，分隔歐洲和非洲的海峽將海洋和大西洋分開，在連接西班牙和摩洛哥的15公里長的直布羅陀海峽上將修建一座巨大的堤壩，這座非凡的堤壩高450米，這一巨大工程的建設將耗資1.08億歐元，但與未來洪水給地中海盆地所有國家造成的難以估量的經濟和人員損失相比，這一天文數字的費用並不昂貴。

這僅對地中海國家有用，但不適用於整個歐洲。荷蘭是遭受海平面上升之苦的國家之一。他們的大部分領土都在海平面以下。修築堤壩是這個民族的傳統，也是生存策略。

1953年，一場海嘯沖垮了堤壩，造成了災難性的後果，造成2,000多人死亡，16萬公頃土地被淹沒。荷蘭現在是抵禦洪水的堡壘。

巨大的屏障已準備好在暴風雨發生時立即關閉。然而，考慮到未來問題的嚴重性，這仍然只是權宜之計。如果海平面上升得比現在更快，就不可能根據新的海況及時修建新的堤壩。直布羅陀海堤也不會放過倫敦。英國首都泰晤士河岸現在受到海平面上升時關閉的大門的保護。但當大西洋海平面上升15米時，就無法再保護這座城市了。不僅是倫敦，英國的大部分地區自然也會被大海吞沒。在最壞的情況下，隨著南極洲的融化，歐洲和北美都會受到影響。

佛羅里達州邁阿密市因其海拔34厘米而面臨海嘯和海嘯的危險。隨著海平面上升半米，許多街道將被永久淹沒。海拔 95 厘米時，該地區將被颶風摧毀。它們在該地區分佈廣泛，並帶來雨水。

今天價值連城的房產將會毀於一旦。2043年，當海平面上升3米時，邁阿密將被洪水淹沒。這些問題都會導致房地產亂象。所有沿海城市都會發生同樣的事情。

有一群人正計劃拯救紐約。曼哈頓島位於兩條河流之間，這兩條河流也受到氣候變化的影響，但很容易受到海平面上升和風暴的影響。

地下基礎設施發生水浸將是一系列災難的首個先兆。海平面上升1.5米將淹沒該島的整個南部地區。15英尺的水將浸沒百老匯中心的時代廣場。當全球所有冰都融化時，整個城市將不復存在。

曼哈頓大橋上的一條小巷只有70米高，會被水淹沒。在這種情況下，整個曼哈頓島可能會消失，而整個紐約市將所剩無幾。這些事件在本世紀發生的可能性幾乎為零。未來人們會問的問題是，我們如何建造一座擁有漂浮摩天大樓的大都市？拯救紐約的想法來自於這座城市的創建者：荷蘭人。那裡有漂浮房屋的社區。

對朱瑟里諾來説，設立哪些項目來保護我們的城市並不重要，重要的是所有國家都要團結一致。

我們，作為同一個星球的居民，需要共同努力。人類需要發揮其所有的聰明才智才能生活在水下的地球上。

法國預測：

「預知夢不是宿命。」

1. 2020年3月12日至2022年12月31日期間，法國的經濟危機將進一步惡化。

2. 2036年7月14日，法國出現糧食短缺。

3. 2029年9月12日，法國巴黎發生多宗襲擊事件，50多人死亡。

4. 2038年5月1日，核電站事故可能影響法國的和平與生活。

5. 2039年2月19日，一場空難可能在法國南部造成200多人死亡。

6. 2032年1月至2月，巴黎將經歷法國最大的自然災害之一。經過數周的暴雨，大洪水將淹沒這座城市，淹沒數以千計的建築物，使數十萬巴黎人無家可歸。貫穿城市的塞納河水位將會上升10多米，瑪黑區和拉丁區等中心區將會被淹沒。食水、煤氣和電力等基本服務將會癱瘓，洪水也將淹沒地鐵隧道。

7. 2032年2月18日至3月3日，連續兩周的降雨可能對法國各地造成破壞。

8. 法國南部發生大火，山火將摧毀超過4,000公頃土地。Var地區將是受災「最複雜的」地區，風力強勁且持續令Bormes-le-Mimosas發生火災。另外多達10處火苗位於Saint-Tropez海濱度假勝地附近的La Croix Valmer、以及更遠的東部地區Artigues和在La Croix Valmer的Saint-Maximin之間，大火將造成「真正的生態災難」。在科西嘉島北部，大火影響嚴重，火焰在島上叢林迅速蔓延並威脅房屋。阿維尼翁南面的呂貝隆，大火伸延至距尼斯不遠的東南部。我們將被狂風焚燒……在科西嘉島北部的卡羅斯公社，在呂貝隆，在拉克魯瓦瓦爾默，在阿蒂格，在西部瓦爾……2019年至 2027年8月之間的巨大破壞（最糟糕的……）。

9. 如果全球變暖和極地冰帽持續融化，海洋將在2036年5月14日之前淹沒法國並可能危及盧斯市、巴黎以及法國（歐洲）許多城市。

10. 食物短缺和各種傳染病可能在2038年10月17日蔓延至法國，導致數千人死亡。

11. 根據早期的預測，法國將在2019年5月26日懲罰馬克龍，這或許是他職業生涯中第一次在選舉中失敗，並讓瑪麗娜勒龐獲勝，這將再次確認她是法國的核心力量。前極右翼國民陣線黨的新品牌國民聯盟（RN）將在歐洲選舉中獲勝。馬克龍主義候選人名單將排在第二位。成功將在生態學家的名單上排在第三位，而傳統右派的災難。共和黨將成為此次選舉的驚喜（摘自2017年4月14日馬克龍在法國總統選舉中獲勝致總統的一封信）。這次埃馬紐埃爾·馬克龍（不是個人 —— 他是一個聰明的公民）想要創造歷史，然而他選擇了一個虛假的故事，無法贏得2022年法國總統選舉。

最後的預言信息

「一個人的死亡並不是當他不再存在，而是當他不再有夢想。」

人類的道德規範要支援所有生命，並避免傷害他人。人類最大的問題是既能學懂如何駕駛飛機，也能像魚般游泳，可是學習不了對彼此敬愛如家人般。

今天，2007年5月29日，我完成了此書，這是2006年出版的啟示錄的延伸，引用我們歷史上一位偉大哲學家的話，並以以下句子結尾。

在擁有權力的物質世界中，我們可以阻止進化，中斷塵世生活，將誠實的人變成不誠實的人，但我們也可以選擇以逆向方式進行這一切。

對我來說，我的信念、我對人類及大自然的熱愛，以及我的夢境永不會被毀滅。我們全都能造夢，這只視乎我們如何利用它。

每個人的內心都承載著宇宙。宇宙中有星系、行星、恆星、無限的可能性和許多未知的地方。每一天我們都會在內心體驗一個新的世界。這個世界揭示了每個人，無論是朋友還是敵人，都有自己的經歷，都有自己的故事。

每個人都像一本書，有些人會成為或已經成為暢銷書，有些人卻感到生活不快樂，但我們都必須保持警惕和誠實。實踐善良、慈善、互相關心和理解、設定目標、遵循目標並實現目標。

我們能夠互相幫助和支持。如果人類於未來轉向哲學，他們便會進化、發展成為優秀的人、專業的專家、優秀的父母。作為一名教師、教育工作者，我為自己所經歷的一切感到高興。讓我與眾不同的不是我通過學習獲得的學位，而是我忠於對他人的尊重。我真的相信每個人都應該這樣做。我們不要忘記，清潔工人和天文學家也有其專業和技能，不要以他們的學歷和職位來區分他們。

在我看來，他們都是同樣有價值的，因為他們都是以同樣的方式生存。最重要的是，我們不應該區別對待他們。一個充斥浪費的社會，讓不幸的人餓死，這是不人道的。這不公平，這是不對的！我努力與自私、傲慢、貪婪和權力作鬥爭。

使人類有可能達到更高層次的是：他對他人的考慮、他無條件的愛、他的信仰和他的利他主義。

當我不再擁有這些原則的那一天，我就沒有理由去分享這浩瀚的宇宙之光了。

致 謝

我很高興此書能於法國、中國香港出版，感謝所有支持我的人。我感謝我的家人對我的愛及體諒。感謝Sandra Maia、Mario Ronco Filho、Amen Chung 和 Dominique Sauzier 為本書出版所作出的貢獻。

給朋友的忠告

負能量自宇宙誕生以來就存在於宇宙中，所以它們不是由預言的負面信息甚至朱瑟里諾的信息創造的，預言家和靈媒想要的只是將它們扭轉成正面。

我們必須記住，世界和大自然現在需要我們善良的行動和態度。讓我們為此祈禱吧，散發正能量，多説好話。

負能量不會拯救地球，更遑論拯救人類免遭未來的毀滅了……

願神祝福你們

朱瑟里諾教授

2020-2047 預言

原著書名 2020-2047
原　　著 朱瑟里諾・達・盧茲（Jucelino Nobrega Da Luz）
原　　文 葡萄牙語（2019年）
翻　　譯 Amen Chung
編　　審 Amen Chung
編　　輯 文創社工作室
校　　對 文創社工作室
封面設計 Concept Station
版面編排 Concept Station
出　　版 文創社國際有限公司 Mankind Worldwide Company Ltd.
發 行 商 聯合新零售（香港）有限公司
地　　址 香港鰂魚涌英皇道1065號東達中心1304-06室
電　　話 (852) 2963-5300
傳　　真 (852) 2565-0919
出版日期 2024年5月（第二版）
印　　刷 新世紀印刷實業有限公司
售　　價 港幣＄198元正（台幣NT 800）

Published & Printed In Hong Kong
ISBN：978-988793598-8

讀者意見電郵：mankindww@gmail.com
Facebook專頁：http://www.facebook.com/JucelinoNobregadaLuz.Asia